U0115786

A
PHOTOGRAPHIC
GUIDE
TO
THE
BIRDS
OF
CHINA

中国鸟类图鉴

鸥版

VOL.5
LARIDAE
TO
STERCORARIIDAE

章麟　陈学军

/ 编著

海峡出版发行集团
海峡书局

图书在版编目（CIP）数据

中国鸟类图鉴. 鸥版 / 章麟，陈学军编著. — 福州：
海峡书局，2023.3
ISBN 978-7-5567-1047-8

Ⅰ. ①中… Ⅱ. ①章… ②陈… Ⅲ. ①鸟类－中国－
图集 Ⅳ. ①Q959.708-64

中国版本图书馆CIP数据核字(2022)第256929号

编　　著：章麟　陈学军
策　　划：张明　曲利明　李长青
责任编辑：廖飞琴　黄杰阳　杨思敏　林洁如　陈尽　陈婧　卢佳颖　陈洁蕾
责任校对：卢佳颖
装帧设计：黄舒堉　李晔　董玲芝　林晓莉

ZHŌNGGUÓ NIǍOLÈI TÚJIÀN（ŌUBǍN）

中 国 鸟 类 图 鉴 （鸥版）

出版发行：海峡书局
地　　址：福州市台江区白马中路15号
邮　　编：350004
印　　刷：雅昌文化（集团）有限公司
开　　本：889毫米×1194毫米　1/32
印　　张：7
图　　文：222码
版　　次：2023年3月第1版
印　　次：2023年3月第1次印刷
书　　号：ISBN 978-7-5567-1047-8
定　　价：128.00元

《中国鸟类图鉴（鸥版）》作者名单 /

摄 影 /（按姓氏笔画排列）

王 瑞	王昌大	王乘东	牛蜀军	孔思义	叶海江	田穗兴
冯 江	曲利明	吕斌昭	朱东宁	朱恺杰	任晓彤	危 骞
刘 勇	刘 勤	江航东	许明岗	孙家杰	杜 卿	李 杉
李 晶	李 韬	李一凡	李宗丰	杨 川	肖 红	邱垂坚
何 韬	何海燕	沙永胜	宋迎涛	张 永	张 宇	张 明
张 岩	张正旺	张迎新	张国强	张笑磊	陈创彬	陈青骞
陈学军	范忠勇	林剑声	金 莹	郑 航	郑康华	项 乐
赵 奇	赵 锷	胡岩松	胡振宏	星 智	钟悦陶	洪崇航
袁 屏	莫训强	夏 咏	徐永春	唐上波	黄亚萍	梅 坚
曹叶源	章 麟	盖东滨	梁海容	葛蕴丰	董江天	韩永祥
焦庆利	曾海翔	鲍 勃	慕 童	蔡抗援	廖辰灿	戴美杰
魏子晨						

Andreas Buchheim（德国）   Colin Bradshaw（英国）

Colm Moore（爱尔兰）   Davor Grgic（美国）

Glen Tepke（美国）   Ilya Ukolov（俄罗斯）

Jirayu Ekkul（泰国）   Martin Renner（美国）

Remco Steggerda（拉脱维亚）   Robert Bush（澳大利亚）

Robin Corcoran（美国）   Roger Ahlman（瑞典）

Tom Lindroos（芬兰）   Yuri Artukhin（俄罗斯）

杉山好子（日本）

序 /

欣闻由章麟团队编撰的《中国鸟类图鉴（鸥版）》近日将付梓，实可喜可贺。

厚积而薄发，历经蓄力几近20载，章麟和他的团队于2018年编撰出版了《中国鸟类图鉴（鸻鹬版）》，为迄今在国内所出版发行且最具实用性的鸻鹬类野外鉴别工具书。嗣后，他们又以4年的不懈努力完稿本书。

21世纪初，在同中国一位资深观鸟人士谈及中国观鸟活动的发展趋势时，我曾表达过这样的意愿，希望在不久的将来能够看到有观鸟人脱颖而出，以非业内人士的身份对中国鸟类和鸟类学研究做出切实而独到的贡献。也就是在那个谈话的前后，在同一些鸟友和媒体人谈及本《中国鸟类野外手册》时，我曾说，相比于自然科学的其他学科，在天文学和鸟类学的认知领域内，由爱好者群所奉的贡献最多且最大。

在中国的众多水鸟中，鸻鹬类与鸥类、燕鸥类因其羽衣于不同季节又或不同年龄段而多显差异，令野外观察者时言颇感困惑莫辨。章麟团队之著述，则既有助于释疑解惑，更可望引发并带动起更多之共议共商。记得还是在20世纪80年代中期，《中国青年报》曾以"一个灵魂究竟能够走多远"为题，报道了一位中国女士在美国某女子学院求学的感人故事。谨此，惟祈章麟团队再接再厉、一路前行。

何芬奇
于2022年冬至

　　在《中国鸟类图鉴（鸻鹬版）》（以下简称《鸻鹬版》）中描述了在中国有分布记录的鸻鹬类后，我们在本书中继续描述鸻形目（CHARADRIIFORMES）下的鸥科（Laridae）和贼鸥科（Stercorariidae）鸟类。贼鸥科鸟类虽然与同属鸻形目的海雀科（Alcidae）在遗传上亲缘关系较近，但外形更接近鸥科鸟类，因此与鸥科一起描述。海雀科则不列入本书。

　　它们喜好活动于水边及大洋，几乎全部具迁徙习性，广泛地分布于中国全境。某些种类迁徙时会跨越南北两个半球，而其中南极贼鸥则"反向"迁徙于这两个半球之间。

　　这些鸟类虽然不像某些鸻鹬类那么特别依赖于例如黄海这样的保育热点，因而在目前的IUCN红色名录当中仅有中华凤头燕鸥被列为"极危（CR）"、黑腹燕鸥为"濒危（EN）"。但很多种类在我国于地面营巢时喜集大群，易被人为活动如水位变化、偷猎（特别是捡拾鸟卵）等干扰。而主要活动于海洋的种类则因远离大陆，人为活动对其造成的影响较难估量。对于本书所主要探讨的外观来说，有机氯污染物在血液中的富集可以导致北极鸥等左右两翼飞羽长度的不对称（Bustnes et al，2002）。

胸腹部沾染油污的三趾鸥/上海—1月/鲍勃

值得欣慰的是，科研人员与公众力量的合力正在对一些种类的保育带来希望，如曾经认为已灭绝的中华凤头燕鸥的重发现与重引入、黄渤海湿地（黑嘴鸥的繁殖地和遗鸥的越冬地）列入世界自然遗产、黄嘴河燕鸥栖息地保护等。当然我们还需要警惕的是，一些景区在不接触、不投喂野生动物逐渐成为社会共识的当下，仍然不遗余力地吸引个别食性较杂的种类（如红嘴鸥、黑尾鸥等）以营造所谓"人鸟和谐"美景的愚蠢行为。

典型的鸥类与鸻鹬类混群的场景。混合群体中可包含如中华凤头燕鸥、红嘴巨鸥等燕鸥类；渔鸥、灰背鸥、银鸥类等大型鸥类，黑尾鸥、黑嘴鸥等中小型鸥类；勺嘴鹬、环颈鸻等小型鸻鹬，及其他中大型鸻鹬类等/江苏－9月/章麟

2021年新版国家重点保护动物名录鸥科和贼鸥科部分

	学名	保护级别	备注
鸥科			
黑嘴鸥	*Saundersilarus saundersi*	一级	本书采用学名 *Chroicocephalus saundersi*
小鸥	*Hydrocoloeus minutus*	二级	
遗鸥	*Ichthyaetus relictus*	一级	
大凤头燕鸥	*Thalasseus bergii*	二级	
中华凤头燕鸥	*Thalasseus bernsteini*	一级	
河燕鸥	*Sterna aurantia*	一级	本书采用中文名 黄嘴河燕鸥
黑腹燕鸥	*Sterna acuticauda*	二级	
黑浮鸥	*Chlidonias niger*	二级	
贼鸥科			
无			

在陆地活动的鸥类大多喜欢在开阔地带活动，体色多为黑色、白色和灰色且体型尚可，不难观察到。有些种类不那么惧人，例如在渔港肉眼即可观察到很多。不过辨识它们并不那么容易，需要像观察鸻鹬类一样使用望远镜。除了观察地面上的个体，观察飞行的个体对于辨识种类也非常重要。它们的飞行往往不像鸻鹬类那么迅速，而是较缓慢地振翅并前进，或于空中悬停或长时间地翱翔，因而使得观察者能够更从容地对其进行观察。

而在海上活动的个体则适用于观察海鸟的一般性原则，其难点来自于发现并锁定目标。海上常无任何参照物，且风浪使目标时隐时现。多人一起观察时，若是在陆地上对海面进行扫视，最好约定一些参照物以描述方位，并且除了方位还要提供离海面的距离（低飞或漂浮于浪头之间还是高飞于浪头之上）、飞行方向（向左或向右、是否在接近某参照物）等信息给同行者。多人都能够对同一目标进行观察时，辨识的可能性也就更高。若是乘船观察且海面无参照物，可以船身为参照系，如约定船头为表盘的12点钟、右舷为3点钟、船尾为6点钟而左舷为9点钟。一定要避免的是使用观察者的观察方向来描述方位，否则所有的方向都会变成12点钟。

这个类群在辨识和分类上特别有挑战性，尤其是一些大型鸥类的复杂情况在后文中会有所体现。在此，我们想引用《世界鸥类》作者K. M. Olsen在其书中的一段话：

"在观鸟活动中，研究鸥类是非常要求自律的——尽管有些人并不喜欢这种自律，认为辨识鸥类太困难，太费时间。'你必须疯狂地热爱鸥类才能去观鸥'的说法是非常恰当的。然而一旦你被'鸥病毒'击中，观鸥这项挑战就会变得很令人兴奋，充满乐趣。

鸥群中的个体差异极大，尤其是在一些大型种类中，而且辨识的'标准'经常并不足够。在一次观鸥活动中有少量个体不得不被记录为'未识别'，不过大部分个体能被识别的话就很有成就感了。或许最好的办法是把这些恼人的问题留给'鸥类原教旨主义者'——这些人视观鸥为一种宗教，甚至可能放弃观察其他鸟类。

钻研鸥类可以令你成为一个观鸟的全能选手。很少有其他科的鸟类比鸥科有从幼羽到完全成羽那么多的年龄组，特别是大型鸥中在任一年龄组里可以有如此多的个体差异。掌握这些知识能够增加你观鸟的总体技巧，使你在研究其他类群的鸟类时受益。"

野外注意事项

在内陆和海边活动时其注意事项与观察鸻鹬时相似，详见《中国鸟类图鉴（鸻鹬版）》。在观察海鸟时因经常静止不动，需注意防风和保暖。乘船时可服用一些药品以预防晕船。

国内有多处鸥和燕鸥大规模集群繁殖的地点。在这些地点进行观察时需要注意亲鸟对观察者的驱赶行为等，避免人为干扰过大而影响其哺育幼鸟。

青海湖的棕头鸥亲鸟和雏鸟集群/青海—7月/星智

分类和命名

本书的鸟种编排主要依据《中国观鸟年报——中国鸟类名录8.0》（以下简称《名录8.0》）。其分类主要参考了《IOC World Bird List》。该名录目前已更新到10.2版本（以下简称《IOC 10.2》）。在我国所处的中亚和东亚地区，由于对一些大型银鸥的研究还有很大争议，《名录8.0》未对亚种进行详述。在我国还有比较常用的《中国鸟类分类与分布名录（第三版）》（以下简称《名录第三版》）同样参考了IOC等名录。

对这部分鸟种的处理我们主要参照《IOC 10.2》。对涉及鸟种的中文名，还参考了《鸥类识别手册》（以下简称《鸥类》）和《中国鸟类野外手册》（以下简称《野外手册》）。考虑到这两本观鸟者使用较多的图鉴中，《野外手册》出版年代较久远，中文名尽量与《鸥类》保持一致。说明如下：

鸥类	名录 8.0	IOC 10.2	名录第三版	本书意见
西伯利亚银鸥 Vega Gull	西伯利亚银鸥 Vega Gull	Vega Gull	西伯利亚银鸥 Siberian Gull	在西伯利亚繁殖的银鸥有多个种或亚种，例如著者称 *Larus (fuscus) heuglini* 为 Siberian Gull，其英文名直译则为西伯利亚（银）鸥。若将 *Larus vegae* 归为 *Larus smithsonianus* 的亚种，则由于 *Larus smithsonianus* 的指名亚种主要分布于北美洲，英文名常为 American Herring Gull，中文名称"美洲银鸥"更佳。*Larus vegae* 的种加词意为织女星，中文名称"**织女银鸥**"较妥
Larus vegae	*Larus vegae*	*Larus vegae*（含 *mongolicus* 亚种）	*Larus smithsonianus vegae*	
蒙古银鸥 Mongolian Gull	西伯利亚银鸥 Vega Gull	Vega Gull	西伯利亚银鸥 Siberian Gull	**蒙古银鸥 Mongolian Gull**
Larus（vegae/cachinnans）mongolicus	*Larus vegae mongolicus*	*Larus vegae mongolicus*	*Larus smithsonianus mongolicus*	*Larus vegae mongolicus*
里海银鸥 Caspian Gull	黄脚银鸥 Caspian Gull	Caspian Gull	黄腿银鸥 Caspian Gull	腿、脚呈明显黄色的银鸥有多种或亚种。我国无分布的两种鸥中，*Larus livens* 的英文名 Yellow-footed Gull 直译为黄脚（银）鸥，而 *Larus michahellis* 在 IOC 等名录中也称 Yellow-legged Gull，直译则为黄腿（银）鸥。为避免上述混淆，采用"**里海银鸥 Caspian Gull**"较妥
Larus cachinnans	*Larus cachinnans*	*Larus cachinnans*	*Larus cachinnans*	
里海银鸥 *barabensis* 亚种 Steppe Gull				**草原银鸥 Steppe Gull** *Larus fuscus barabensis*（详见下行）
Larus（cachinnans/heuglini）barabensis				

鸥类	名录 8.0	IOC 10.2	名录第三版	本书意见
乌灰银鸥 Heuglin's Gull	小黑背银鸥 Lesser Black-backed Gull	Lesser Black-backed Gull	小黑背银鸥 Lesser Black-backed Gull	乌灰银鸥 Heuglin's Gull *Larus fuscus*（含 *heuglini* 和 *barabensis* 亚种）
Larus heuglini	*Larus fuscus*	*Larus fuscus*（含 *heuglini* 和 *barabensis* 亚种）	*Larus fuscus*（含 *heuglini* 和 *barabensis* 亚种）	
	银鸥（于附录四）Herring Gull	European Herring Gull		有著者如《野外手册》将 *Larus smithsonianus* 置于**银鸥** *Larus argentatus* 之下。*Larus smithsonianus* 在东亚地区有迷鸟或定期越冬记录，在中国可能也有少量分布，但因识别难度较大，暂未有确切记录。若有记录，则可称为"**美洲银鸥**"
		Larus argentatus	*Larus argentatus*	
美洲银鸥 American Herring Gull		American Herring Gull	西伯利亚银鸥 Siberian Gull	**美洲银鸥** American Herring Gull *Larus smithsonianus*（详见上行）
Larus smithsonianus		*Larus smithsonianus*	*Larus smithsonianus*	

由于本书主要讨论野外辨识，对于其他一些分类学的变化，例如黑嘴鸥置于*Larus*属还是*Chroicocephalus*属又或单列一属*Saundersilarus*不做过多讨论。

杂交

野外观察中，除了鸟类的个体差异会使我们觉得没有哪只个体与图鉴中完全一致外，还会有些明显或不明显的杂交个体给辨识带来困难。如遗鸥在被科学认知前，曾被认为是某些鸥类间的杂交个体。曾被认为已灭绝的中华凤头燕鸥目前在其位于我国南方的繁殖地中混群于数量众多的大凤头燕鸥间繁殖时，也被证实会与大凤头燕鸥杂交。环南极的几种大型贼鸥外观相似，其中数种如大贼鸥*Stercorarius antarcticus*存在与南极贼鸥杂交的现象。大贼鸥被收入了《野外手册》（与南极贼鸥一并采纳属名为*Catharacta*），现今的多个名录均仅收入南极贼鸥而认为其他贼鸥为南极贼鸥的误判。

在一些鸥类的繁殖种群中，杂交个体的数量可能相当多，甚至超过了"纯种"个体的数量。因为杂交的情况可能比较普遍，考虑到有限的空间，本图鉴不对它们做过多讨论。但在查阅标本的过程中，我们发现乌灰银鸥的*taimyrensis*亚种自其被命名的20世纪初期始，至少在我国东部越冬的银鸥当中可能就已经比较常见了。对该亚种的处理，有著者认为其为独立种，而IOC等名录则将其作为乌灰银鸥*hcuglini*亚种与织女银鸥指名亚种的杂交种群对待，因而未列为乌灰银鸥的*taimyrensis*亚种。现今它在我国相当常见，因此本书保留其在《鸥类》中的俗称"**泰梅尔银鸥**"并在乌灰银鸥条目下对其进行描述。

鸥类体表各部位示意图

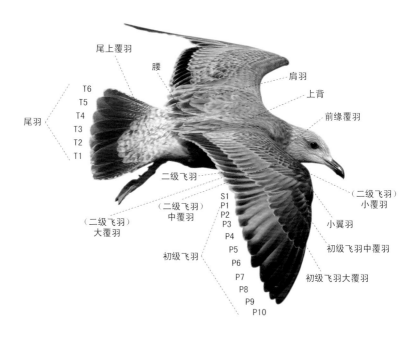

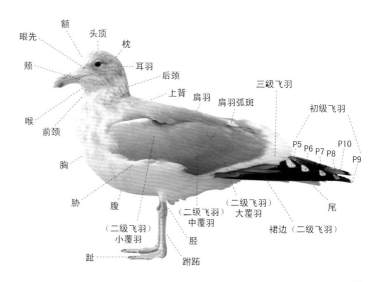

虹膜　瞳孔

嘴峰

眼睑

额尖

嘴甲★

嘴裂

颊尖

嘴底

嘴底角

★嘴甲在贼鸥中较凸
显，详见P182中贼鸥图

翼镜

腋羽

三级飞羽

换羽

　　鸟类的羽毛由于风吹、日晒、雨淋、剐蹭等原因而逐渐磨损，其功能逐渐减弱。因此它们需要通过换羽，用新的羽毛替换旧的羽毛。与鸻鹬类不同的是，鸥科和贼鸥科鸟类的成鸟在一年当中由羽色导致的外观变化并不是特别剧烈，辨识的主要难点来自于由幼年至成鸟羽色的多年的连续变化。

　　对换羽及其产生的不同羽色的描述，有各种名词和系统。《鸻鹬版》中采用了比较容易理解的幼羽、第一冬羽（1st winter）、第一夏羽（1st summer）、（成鸟）繁殖羽（br）、（成鸟）非繁殖羽（non-br）。这个系统很大的缺陷在于它主要适用于中高纬度地区一年繁殖一窝的鸟类，而不适用于低纬度终年连续繁殖、每年只有一次换羽等情况。尤其以未成年的鸥类为例，有的个体可能保持幼羽数月而跨过了冬季，有些个体同时呈现不同换羽阶段的羽毛，使得它们呈现极大的个体差异，无法对应到某一个具体的以季节命名的羽色阶段。

　　若以鸟类真实的年龄称呼其对应的羽色，如第一龄（1st year，假设一只鸟的出生日期为某个日子如8月1日，则至次年7月31日为其第一龄）、第一日历年（1st calendar year，简写为1cy，从其出生至当年12月31日）等也存在一些令人困惑的地方。

　　因此有必要采用新的系统，即由Steve Howell等人完善过的Humphrey-Parkes系统（简称H-P系统）。该系统忽视了季节、繁殖状况、日历年等因素。其中最基本的名词为"基本羽（basic plumage）"。该名词适用于所有的鸟类。以紫翅椋鸟为例。成鸟"冬羽"具有很多白色斑点。随着羽毛的磨损，白色斑点逐渐消失，成鸟逐渐呈现其"夏羽或繁殖羽"。在此外观变化的过程中，它并未进行羽毛的更换，一直着"基本羽"。待其完成羽毛更替即"基本羽前换羽（prebasic moult）"后，又会呈现有很多白色斑点的"冬羽"。

　　除"基本羽"外，该系统中还有其他名词，如"替换羽（alternate plumage）"。如上文所述，紫翅椋鸟成鸟不具备"替换羽"，终年着"基本羽"。而以鸥类为代表的一些鸟类，一年有两次换羽，成鸟于繁殖期后进行"基本羽前换羽"后着"基本羽"；晚冬至早春逐渐进行"替换羽前换羽（prealternate moult）"后着"替换羽"。

　　雏鸟出飞后着幼羽（juvenile plumage）即"第一基本羽（1st basic plumage）"。之后有些种类会进行部分换羽（构形羽前换羽preformative moult）后着"（构形羽formative plumage）"，对应常说的"第一冬羽"。

　　之后进行"第一替换羽前换羽（1st prealternate moult）"后着"第一替换羽（1st alternate plumage）"；进行"第二基本羽前换羽（2nd prebasic moult）"后着"第二基本羽（2nd basic plumage）"，以此类推。

　　但这个系统比较难理解，其中的名词也很拗口。在野外观察时常难以将某个名词对应于某只鸟的换羽状态上，例如可能很难知道一只鸟是在进行构形羽前换羽还是在进行第一替换羽前换羽。因此在观鸟时还是可以使用上面提到的一些泛泛的词语如第一冬羽的，以及如"第一换羽周期（1st cycle）""第二换羽周期（2nd cycle）"等。第一换羽周期始于一只鸟着第一基本羽时，第二换羽周期始于它开始进行第二基本羽前换羽时，以此类推。更由于我们对中国的鸥科和贼鸥科鸟类的换羽规律了解仍十分有限，在本书中会同时使用各换羽系统。这会给读者带来不少困扰，但希望能抛砖引玉，使得日后能够对这两科鸟类的换羽有更深刻的理解。

　　下表中以遗鸥为例列出了各个系统使用的名词，方便读者理解。第一替换羽前换羽、第二基本羽前换羽等依种类和种群不同可能为不同程度（完全或不完全）的换羽。遗鸥的具体换羽细节详见该物种描述页。

《鸻鹬版》		H-P 系统	换羽周期
幼羽		幼羽（= 第一基本羽）	
第一冬羽		构形羽	第一换羽周期
第一夏羽		第一替换羽	
		第二基本羽前换羽	
第二冬羽	亚成鸟	第二基本羽	第二换羽周期
		第二替换羽前换羽	
第二夏羽		第二替换羽	
		第三基本羽前换羽	
非繁殖羽		第三基本羽（= 成鸟）	第三换羽周期
	成鸟	第三替换羽前换羽	
繁殖羽		第三替换羽	

年龄判别

虽然大部分时候我们首先依靠轮廓特征即可判断鸟种，但尤其是一些大型鸥种类的轮廓十分相似，很多时候反而要从羽色入手。此时便需要了解各个鸟种其在达到成鸟阶段之前的各种羽色状态。鸥类和贼鸥类幼鸟多需要数年才能换上成鸟羽色，很多种类在未达成鸟羽色前体表各部位会有或多或少颜色较暗的区域，例如以白色为底色的尾部有黑色或深褐色的末端或次端横带。在我国有分布的鸟种中，很多这样的个体被鉴定为黑尾鸥，仅仅因为鉴定者过于依赖"黑尾"这个特征而忽略了其他特征。在此，使用"一年型""二年型""三年型"和"四年型"这样的称呼可以帮助我们大概记忆这些羽色变化。注意这些称呼仅仅是为了帮助我们记忆和野外辨识，特定的羽色并不一定代表该鸟真实的年龄。有些个体在具成鸟羽色多年后才参与繁殖，而有些已经参与繁殖的个体则可能还带有少量未成鸟的羽色特征。在野外观察时只有遇到带有环志的个体才可能知道它们真实的年龄。

注意羽毛的浅色部分不如深色部分耐磨，因而在磨损过程中羽毛的变化可导致一只鸟的整体外观发生明显变化。例如一枚具白色边缘的黑色羽毛，在磨损后首先白色羽缘变窄继而消失，仅剩灰褐色的大部。周围的羽毛皆如此磨损后，鸟的这个部位看上去不再呈鳞片状，而呈单调的灰褐色甚至褪色至接近白色。读者需注意磨损带来的外观变化与换羽带来的变化间的区别。

另外，未达成鸟羽色的个体在裸皮部位有时也与成鸟有些许差别。

以鸥类为例：

二年型鸥／

包括大部分小型、带头罩的鸥。它们换上完全成羽需要13－16个月。在秋季早期进入第一换羽周期，幼羽的背和肩羽会更替为第一冬羽。在春季晚期，头部会有不同程度的换羽，呈现深浅不同的深色头罩。在春夏之交，继续进行第二周期的换羽，在下一个春季换为第二替换羽（成鸟繁殖羽），头罩为完全的深色。

在多数二年型的鸥中，年轻的成鸟可能与完全的成鸟有少许差别，例如在翼的外侧（初级飞羽和初级飞羽覆羽）呈现更多暗色。在某些种类中，在不同年龄羽色间做出明确的划分是非常困难的，这样的种类被称为"二年或三年型鸥"或"三年或四年型鸥"。

三年型鸥 /

包括大部分中型鸥，如上表中提到的遗鸥。它们换上完全成羽需要25－28个月。

四年型鸥 /

包括大部分大型鸥。羽色变化比前者进程更长，在换为完全成鸟羽色前（至少）要多一个亚成鸟羽色的阶段。这些种类需要28－40个月的时间换为完全成鸟羽色。在这一组鸥中，年龄相似的个体其外观差异更容易被观察到，羽色变化中不符合常规的例子并不罕见。

性别

某些大中型的种类在体型上可以看出两性差异。鸥科雄性常比雌性大，喙厚重，头形和翅长等也有差异；贼鸥科则雌性比雄性体型大。

黑尾鸥属于中型鸥。繁殖对中雌雄外观差异不显著/辽宁－5月/章麟

蒙古银鸥属于大型鸥。繁殖对中雌性体型较小，头较圆，喙略细小，翼较长/辽宁－5月/章麟

判断照片

现代摄影技术的发展和普及使得我们可以愈加方便地通过影像资料来研究鸟类。本书主要采用照片来呈现它们。读者需要注意的是照片仅仅是一个静态的图像，并且曝光和印刷均会使拍摄物呈现不同的外观，而这些外观往往恰巧是辨识鸟种和年龄等重要特征，因而不能仅依靠某几张照片来做出判断。但因这一类群具极大的个体差异，而纸质印刷的书籍又要考虑野外携带的便利性，在此仅能向读者呈现少量照片，这些照片中的个体与读者在野外见到的任何个体都只是相似而非完全一致。

在一张照片中可能较具有误导性的关键信息如下：

色彩 /

鸥科和贼鸥科羽色大多为黑色、白色、灰色、褐色等不那么鲜亮的颜色。在鸥科的成鸟羽色的鉴定中会使用柯达灰阶卡进行比对来得到其羽毛灰色部分的灰度值。在野外只有当捡拾到受伤或死亡的鸟类时才可能将灰度卡放置在其身旁进行比对。在野外观察和拍摄时，光线的强度和照射角度均会对这类色彩的观感产生极大影响。一群鸟若为同一鸟种，其每个个体的色彩差异也不大时，仅仅因为它们站立时身体朝向观察者的角度有些许差异，观察者观感上也会觉得它们色彩差异颇大。

用柯达灰阶卡比对蒙古银鸥的灰度值（右上角标有AA63的白色物体为翅旗）。P10的外翈和内翈具白色翼镜　Andreas Buchheim

笔者在标本馆查阅标本时，曾抽取了一个抽屉的海鸥，其中个体依其所悬挂的标签均被鉴定为kamtschatschensis亚种。在馆内较昏暗的光线下，一只个体上体的灰色看上去比其他个体深多了。当把柯达灰阶卡置于它身边时，读取的灰度值却并不比其他几只浅灰色个体高很多，仍处于海鸥kamtschatschensis亚种正常的灰度范围内。当把这些个体挪到窗口，在明亮的光线下观察时，那只较深的个体此时的灰色就并不显得比其他个体深多少了。当然，它们的灰度值读数没有任何变化。

正因为对颜色的感觉受观察条件的影响如此之大，在侧重野外辨识的本书中列举各鸟种的灰度或其他参考色值意义就不大了。在不同种和亚种间进行比较则更为实用。读者经常进行观察的区域内会有某几种最常见的鸥类和贼鸥类。可以对它们多多观察，熟悉它们的色彩范围。在观察那些不太常见的种类时，与常见的几种进行比较描述即可。

姿态 /

鸥类和贼鸥类在飞行时常缩起颈部，显得颈部不那么长。而在站立或游动状态时，颈部有时伸长，有时紧缩。这会影响到其头部羽毛的姿态进而影响整个头部的轮廓。一些资料中提及的"头形较圆""额弓较平"等类似特征可能实用性并不强，本书不做过多强调。在替换羽中具深色头罩或顶冠的鸥类和贼鸥类，其头罩或顶冠的形状也同样会受其头颈部姿态的影响，不宜作为判断依据。

鸣声 /

如同辨识很多其他鸟类一样，通过鸣声来辨识它们是一个不错的方法。三趾鸥的英文名Kittiwake来自于它们的鸣叫声，而我国东部沿海居民常据叫声把黑尾鸥称为"海猫子"。但用文字来描述声音非常困难，因此在本书中不做过多尝试，仅当声音对于辨识非常重要时略为提及。读者可自行搜索互联网下载鸣声，并在野外多多实践，逐步记住一些常见甚至不常见种类的声音。

以笔者所居的中国东部的外观相似的鸟种为例，须浮鸥的鸣叫与白翅浮鸥明显有别，而黑嘴鸥的鸣叫也与红嘴鸥明显有别。

环志 /

环志是鸟类研究的基础手段之一。与鸻鹬类不同的是，在迁飞路线范围内并没有大范围的协议来协调各地使用的彩色标记。

常见的如浙江和台湾环志的凤头燕鸥、国内各繁殖地环志的黑嘴鸥和遗鸥，以及蒙古国和俄罗斯环志的银鸥类等。其中燕鸥及中小型鸥类一般是像鸻鹬类一样在腿部标记彩环或彩旗，而银鸥类等大型鸥类则像大型猛禽一样采用翅旗。这些环或旗上还可能带有编码。这些编码是唯一的，根据编码可以查询到具体的个体。

浙江环志的中华凤头燕鸥，跗跖戴有金属环和红色彩环/浙江—7月/赵锷

蒙古国环志的蒙古银鸥，戴有白色的翅旗，右胫则有金属环/上海－3月/陈学军

　　近年来随着卫星跟踪器等设备的普及，有时我们也会见到仅仅背负跟踪器而无彩环或旗标的个体。对这样的个体只有在联系上跟踪器的安放者后才能获知详情。

　　读者在野外观察到带有彩色标记的鸥类和贼鸥类时，请报告给中国沿海水鸟同步调查项目组的白清泉flagsightings@163.com或笔者lin.zhang@sbsinchina.com，也可以报告给中国鸟类环志中心。香港地区的环志可直接报告给梁嘉善katsoftdrinks@yahoo.com.hk。报告内容需包括观察者的姓名、联系方式、地点（若有坐标更好）、鸟种（若有性别、年龄、换羽、身体状况等信息更好）、旗标或彩环的组合和编码（若有旗标或彩环磨损状况更好）。另外一些附加信息如照片、生境描述、鸟群数量、观察条件、该鸟是否佩戴其他跟踪设备等可酌情提供。

　　《名录8.0》中的鸥科包含了曾经的鸥科（Laridae）和燕鸥科（Sternidae）鸟类或鸥亚科（Larinae）下的鸥族（Larini）与燕鸥族（Sternini），两者现分别为鸥科下的亚科即鸥亚科（Larinae）和燕鸥亚科（Sterninae）。燕鸥亚科中有一组不同于"典型"燕鸥的鸟类称为玄燕鸥。有研究表明它们与鸥亚科关系更近，在《名录8.0》中它们也排列在鸥之前而"典型"燕鸥则排在鸥之后。考虑到它们在外观上仍然更似"典型"燕鸥，在分种介绍时不按照《名录8.0》的排序，而是将它们与"典型"燕鸥置于鸥之后，对于野外辨识更有实战意义。

科、亚科 ——

鸥科 Laridae /
燕鸥亚科 Sterninae

常用中文名 ——

褐翅燕鸥

英文名 ——
学名 ——

Bridled Tern

Onychoprion anaethetus

鸟种信息 ——

- 体长 30—42厘米
- 翼展 65—81厘米
- 体重 95—180克
- 受胁等级 无危(LC)

🪶 **外观**

中型燕鸥，上体的深褐色较乌燕鸥淡，尾叉深。下体白色、顶冠黑色而有别于白顶玄鸥等。

🖊 **习性**

多活动于外海。与黑枕燕鸥等混群繁殖。

📍 **分类与分布**

　　四至六个亚种，国外广布于大西洋、印度洋及太平洋的热带海域。可以分为两个种组，指名亚种与antarcticus亚种在一个种组中。其中指名亚种分布于印度洋东部至太平洋西部，在中国为留鸟于南沙群岛，夏季繁殖于东南沿海岛屿；antarcticus亚种分布于印度洋西部，迷鸟记录于日本冲绳。

　　参考文献：54。

—— 文字
描述

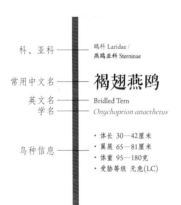

图片注释
拍摄地点
（国内原
则上至省
市，国外
原则上至
国名）
——
拍摄时间
拍摄者

① 第一换羽周期/广东—7月/董江天
a.上体深褐色有别于大部分鸥及燕鸥
b.似幼羽、成鸟基本羽，但幼鸟、成鸟此时还未开始大范围换羽，内侧与外侧级飞羽间设有该个体如此之至显著的新旧差异。另外，幼时的翼覆羽等排列较整齐，可具清晰的浅色羽缘

144

鸟种信息：为鸟种的基本信息，包括中英文常用名及学名（上文中建议的中文名与《名录8.0》中的中文名之间以"／"分隔）、量度值、受胁级别等。少量未查到的量度值留白，读者若获得数据后可自行填写。与《鸻鹬版》相同，量度值中列出体长、翼展和体重。注意燕鸥类和贼鸥类的尾羽长度由于换羽可能呈现较大幅度的变化。

外观：提供了鸟种的基本外观尤其是在野外观察中有用的鉴别特征的描述，并在关键特征下加下划线。

习性：提供了其简单的习性介绍。对于野外鉴别有用的习性加下划线。

分类与分布：采用了主流的分类意见并介绍了一些较新的研究进展，为其可能出现的地区提供了线索。野外观察时需结合习性考虑其可能性。

参考文献：列出对该鸟有参考价值的文献在"参考文献"表中的编号。所参考的各地区性鸟类名录未列出。

图片：在图片的旁边提供了拍摄时间、地点、拍摄者、关键辨识信息的介绍，并相应地在图片中用指示线指出。图片尽量选择在国内拍摄的，若因图片征集原因而选用国外拍摄的，则尽量选择国内有分布的亚种。

鸥科 > 鸥亚科

鸥科 > 燕鸥亚科

中华凤头燕鸥/浙江－7月/赵锷

棕头鸥/盘锦—5月/张明

Larinae

鸥类腿较燕鸥类长，更擅于行走；尾末端通常较平，我国有分布的种类仅叉尾鸥尾具浅凹而楔尾鸥尾略凸；翼不如燕鸥类狭长。较少似燕鸥般于空中振翅悬停后俯冲入水捕捉食物。

有些种类的替换羽具有深棕色至黑色的头罩，我国常见的种类有棕头鸥、红嘴鸥、黑嘴鸥、小鸥、遗鸥、渔鸥；而替换羽头颈部多为白色，仅于基本羽时有少量暗色斑块的常见种类则有三趾鸥、细嘴鸥、黑尾鸥、海鸥、灰翅鸥、北极鸥、织女银鸥、里海银鸥、灰背鸥、乌灰银鸥。

鸥科 Laridae /
鸥亚科 Larinae

三趾鸥

Black-legged Kittiwake
Rissa tridactyla

- 体长 37—44厘米
- 翼展 91—120厘米
- 体重 220—532克
- 受胁等级 易危(VU)

外观

中小型鸥，三年型。上体浅灰色。腿较短，后趾退化，仅前三趾显著因而得其名。比红嘴鸥略大，但腿特别显短。替换羽无深色头罩，似海鸥但同样腿更短且通常色暗，翼尖全黑而不具白色翼镜。

习性

海洋性鸟类，常跟随船只。但在我国也常见于内陆湖泊和河流。飞行轻盈似燕鸥。

分类与分布

共有两个亚种繁殖于北极区的欧洲、北美洲和亚洲沿海，冬季活动在太平洋、大西洋北部开阔海域。其中*pollicaris*亚种在中国为不常见旅鸟和冬候鸟，在东北、西北、华北、华东、华南、西南等地有零星记录。指名亚种的繁殖区在俄罗斯东北部与*pollicaris*亚种较接近，可能也会出现于我国。

参考文献：30。

① 幼羽/四川—12月/王昌大
a.可见退化的后趾
b.肩背部、翼覆羽等仍较新，具浅色羽缘。无构形羽前换羽

② 幼羽/四川—12月/王昌大
翼覆羽和外侧初级飞羽的黑色部分在翼上形成不完整的"M"字形，似小鸥的幼羽。注意其体型较大，喙更粗壮，背部灰色

004

③ 第一换羽周期/俄罗斯－7月/慕童
a.外观似幼羽，很多幼年羽毛磨损严重。背和肩羽为第一替换羽，磨损程度明显不及幼羽
b.喙逐渐变为淡黄色

3

④

④ 第二换羽周期/云南－12月/李杉
a.接近成鸟的基本羽，仅少量翼覆羽具黑斑，P9外翈具少量黑色
b.内翼与外翼灰色的差异不如指名亚种显著，但该特征受光线影响不易判断（如该个体左翼的内外翼色彩对比比右翼更强烈）

⑤ 成鸟基本羽/日本－1月/陈学军
*pollicaris*亚种比指名亚种有更多个体具略发达的后趾

⑥ 成鸟替换羽与北极鸥（左）/挪威－4月/Tom Lindroos
头枕部白色。该个体依据繁殖范围为指名亚种，翼尖黑色少于*pollicaris*亚种

⑦ 第一换羽周期与红嘴鸥/广西 一11月/唐上波

鸥科 Laridae /
鸥亚科 Larinae

叉尾鸥

Sabine's Gull

Xema sabini

- 体长 27—36厘米
- 翼展 80—87厘米
- 体重 138—226克
- 受胁等级 无危(LC)

外观

小型鸥，二年型。体型比小鸥略大，尾叉较明显。翼上呈对比明显的三种颜色。成鸟喙黑色而端部黄色，替换羽具黑色头罩。

习性

海洋性鸟类，飞行轻盈似燕鸥。

分类与分布

单型种。中国有迷鸟记录于台湾、南沙群岛。国外繁殖于俄罗斯东北、北美至格陵兰等，越冬于非洲西南和南美洲西部。

覆羽暗色部分的弧线

① 幼羽/美国—9月/Davor Grgic

a.尾叉较三趾鸥更明显

b.远距离时翼上图纹可能与三趾鸥混淆。注意覆羽的暗色部分弧形向后突出，而在三趾鸥上则向前突出

② 第一换羽周期/厄瓜多尔-2月/Roger Ahlman
a.喙端逐渐变黄色而接近成鸟
b.肩背部幼羽多换上了灰色的似成鸟的羽毛，外侧黑色的初级飞羽已磨损而呈褐色

③ 成鸟替换羽与红颈瓣蹼鹬（左）/美国-5月/Davor Grgic
a.站立时身体后部（翼和尾）轮廓非常长
b.飞行时翼上图纹似幼羽，但肩背部和覆羽由褐色转为灰色，尾羽全白

鸥科 Laridae /
鸥亚科 Larinae

细嘴鸥

Slender-billed Gull
Chroicocephalus genei

- 体长 37—44厘米
- 翼展 90—110厘米
- 体重 220—375克
- 受胁等级 无危(LC)

外观

中小型鸥，二年型或三年型。似红嘴鸥但喙更长、额弓较低，颈部也更长，因而头颈部轮廓与红嘴鸥有异。腿较红嘴鸥长，颈部伸展时整体站姿比红嘴鸥更高挑。替换羽不具深色头罩。随着年龄增长虹膜颜色变浅，在各阶段喙和腿部的橙红色一般不及红嘴鸥艳丽，喙端黑色也极少。有些成鸟在繁殖早期喙和腿部呈现接近黑色。飞行时喙和颈同样较红嘴鸥长而胸部更突出，翅较宽而扑翅略显懒散。

习性

似红嘴鸥。但凫水时较长的颈部常向前上方伸直，身体后部上翘，胫部常露出水面，且会打转觅食，似瓣蹼鹬。

分类与分布

单型种。中国罕见旅鸟和冬候鸟，在多地有记录。国外繁殖于地中海、黑海、中东至印度洋西北部，越冬于北非、地中海至南亚。

① 第一换羽周期/云南－12月/李杉
a.喙长，腿长。虹膜已呈浅色。头较白，仅眼后具灰色斑
b.尾羽次端斑黑色，翼覆羽、三级飞羽等仍留有褐色的幼羽

② 第一换羽周期/云南－12月/李杉
凫水姿态，颈长

③ 成鸟基本羽/四川－12月/王昌大
a.眼后黑斑和喙端黑色不如红嘴鸥显著
b.虹膜浅色在某些角度很难看出

④ 成鸟基本羽/四川－12月/王昌大
外翼前缘大面积白色，翼下内侧初级飞羽大面积黑色
均似红嘴鸥

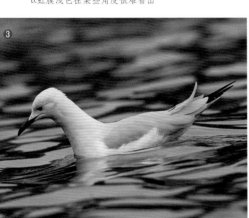

⑤ 成鸟替换羽/新疆－5月/李韬
喙和腿部颜色变深，有些个体为深红色，有些为黑色

⑥ 成鸟替换羽与第一换羽周期（下）/阿曼—3月/Tom Lindroos
头颈部轮廓细长

鸥科 Laridae /
鸥亚科 Larinae

澳洲红嘴鸥

Silver Gull
Chroicocephalus novaehollandiae

- 体长 38—43厘米
- 翼展 91—96厘米
- 体重 195—430克
- 受胁等级 无危(LC)

① 幼羽/澳大利亚－2月/任晓彤
a.喙较红嘴鸥粗壮，更接近中型鸥
b.眼后、枕至后颈的褐色较浅且在第一换羽周期中很快消失而有别于红嘴鸥和棕头鸥

外观

中小型鸥，二年型。似红嘴鸥但喙较短粗。外侧初级飞羽黑色面积大且具白色翼镜而似棕头鸥。替换羽不具深色头罩。

习性

似红嘴鸥。

分类与分布

分布于澳大利亚、新西兰等岛屿。亚种 *scopolinus* 分布于新西兰。澳大利亚等地的种群或认为无亚种分化，或分为指名亚种与*forsteri*亚种，其中后者有迷鸟记录于台湾。

② 第一换羽周期/澳大利亚－1月/李晶
a.眼后不具深色斑。虹膜颜色开始变浅
b.翼覆羽等已近成鸟羽色，尾羽已无深色次端斑；外侧初级飞羽未生长出因而翼显得短

③ 成鸟/澳大利亚－1月/李晶

a.喙和腿深红色，虹膜色浅。基本羽与替换羽外观相似。替
换羽经完全换羽后着基本羽，如图中个体（正在更替内侧初
级飞羽）

b.澳大利亚北部的个体仅P10和P9具白色翼镜，为*forsteri*亚种

① 成鸟基本羽（背景）与第一换羽周期（前景）/澳大利亚－7月/李晶
澳大利亚南部的个体P10—P8均具白色翼镜，为指名亚种

鸥科 Laridae /
鸥亚科 Larinae

棕头鸥

Brown-headed Gull

Chroicocephalus brunnicephalus

· 体长 41—45厘米
· 翼展 105—115厘米
· 体重 450—714克
· 受胁等级 无危(LC)

外观

中小型鸥，三年型。似红嘴鸥，但体型略大，喙略粗壮。替换羽具深色头罩，其棕色较红嘴鸥更浅而得其名。外侧初级飞羽基部多白色而似红嘴鸥，但近端部黑色面积较大且随年龄增长具一至三个白色翼镜。

习性

似红嘴鸥。

分类与分布

单型种。繁殖于帕米尔高原、青藏高原和鄂尔多斯高原等，迁徙时在华中、华南、华东偶见，部分个体越冬于西南至华南沿海。国外繁殖于亚洲中部，越冬于南亚、东南亚。

① 幼羽/西藏－8月/董江天
a.上体幼羽中央褐色而羽缘的灰色较宽，有别于红嘴鸥
b.该个体喙还未生长完全因而显短

② 第一换羽周期/西藏－8月/董江天
a.上体的部分幼羽很快开始替换为灰色的新羽
b.P10腹面无红嘴鸥那样的白色斑块

④ 第一换羽周期/云南－4月/李杉
a.翼覆羽仅具少量褐色，中央几对尾
羽已更替为不具黑色次端斑的新羽
b.虹膜色浅，深色头罩还未显现

⑤ 第二换羽周期与赤颈鸭/四川－1月/陈学军
a.外观已极似成鸟基本羽，如翼覆羽、二级飞羽、尾羽
等已无深色，虹膜色浅等
b.P10、P9具白色翼镜但面积不如成鸟的大，仅限于内翈
c.下翼面外侧前缘无明显白色而有别于红嘴鸥

⑥ 成鸟基本羽／云南－11月／廖辰灿
与周边的红嘴鸥相比，体型略大，喙
略粗壮，虹膜色浅

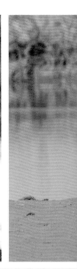

⑦ 成鸟基本羽／四川－1月／陈学军
a.大部分个体P10、P9具白色翼镜。少
部分个体的P8也会具一较小的白色翼镜
b.浅色的虹膜在这个角度显得较暗

⑧ 成鸟替换羽／辽宁－5月／张明
a.头罩棕色较红嘴鸥的浅，喙和腿的红色较暗，虹膜色浅
b.初级飞羽下垂后可以更明显地看出其与红嘴鸥的差别

⑨ 第一换羽周期、第二换羽周期与成鸟替换羽（左）/辽宁－7月/张明

a.右侧和中间个体着第一替换羽。两者在虹膜、喙、腿、头罩等处的色彩均有
个体差异，P10腹面无白色翼镜。右侧个体可能已开始进行第二基本羽前换羽

b.左侧的成鸟腿的红色更深，虹膜浅色更明显，而P10的白色翼镜也较显著

⑩ 成鸟基本羽/广西－11月/唐上波
与周边的红嘴鸥翼尖图纹有异

鸥科 Laridae /
鸥亚科 Larinae

红嘴鸥

Black-headed Gull

Chroicocephalus ridibundus

- 体长 37—44厘米
- 翼展 94—115厘米
- 体重 166—400克
- 受胁等级 无危(LC)

① 幼羽与普通燕鸥（对页右上为幼羽）/
新疆－7月/李晶
a.P10腹面的大面积白色显著
b.某些燕鸥种类在特定羽色中喙基部呈红色
而喙端黑色，会被误认为红嘴鸥。需注意
站立状态下两者腿长、飞羽图纹等的区别

普通燕鸥幼羽

外观

中小型鸥，二年型。似棕头鸥、黑嘴鸥等，替换羽具头罩，但其棕色较棕头鸥的更深，接近黑色但又不似黑嘴鸥般纯黑。外侧初级飞羽大部白色，仅翼尖具少量黑色，翼下外侧白色的初级飞羽与黑色的内侧初级飞羽对比强烈，似黑嘴鸥、细嘴鸥。喙长介于黑嘴鸥与细嘴鸥之间。

习性

主要在内陆植被繁茂的浅水湿地繁殖，冬季见于内陆和沿海。食性较杂，在某些地区越冬期依赖于人为提供的食物。喜大群站立于电线上。

分类与分布

单型种。繁殖于欧亚大陆北部和北美东北部，部分为留鸟或越冬于亚洲南部至非洲北部和地中海。中国繁殖于新疆及东北，常见于多数省区，大量越冬于东部、南部。无明确记录由我国迁至澳大利亚。有著者将西伯利亚东北部的种群另立为*sibiricus*亚种，详见照片描述。

② 第一换羽周期/江苏－9月/章麟
a.喙和腿呈橙色，不似成鸟般艳红
b.尾羽的黑色次端带、P10腹面的大面积白色显著

③ 第一换羽周期/江苏—9月/章麟
上翼面和下翼面的外侧前缘均较
白，在下翼面与内侧黑色的初级飞
羽对比明显

④ 第一换羽周期/四川-1月/陈学军

若将其分为两个亚种，则指名亚种中幼羽和第一换羽周期中的更多个体其外侧初级飞羽深灰色更多而白色则较少

端部白色较不显著

⑤ 第一换羽周期/四川-1月/陈学军

外侧初级飞羽白色更少的个体。需注意与棕头鸥区分，如内侧初级飞羽端部白色较不显著

⑥ 第二换羽周期或成鸟基本羽/江苏－9月/章麟
a.大致似成鸟基本羽，尾羽全白；仅喙和腿可能比成鸟的红色略淡
b.外侧初级飞羽已脱离，身体后部轮廓显得较短

⑦ 成鸟基本羽/天津－9月/张永
换羽进度晚于上图中的个体；与P10相邻的几枚初级飞羽已脱离，使得P10近端部的大面积白色易见

喙、腿、脚深红色。头罩深棕色。虹膜色深

⑨ 成鸟替换羽/新疆－5月/焦庆利

若将其分为两个亚种，则*sibiricus*亚种上体灰色较浅，与外侧初级
飞羽的白色对比不那么强烈。但受光线影响，在照片中难以判断

⑪ 第一换羽周期与黑嘴鸥（右）／辽宁－5月／张明
体型大于黑嘴鸥，喙更细长。两者均可见部分褐色的覆羽和三
级飞羽，均处在第一换羽周期中，但黑嘴鸥的深色头罩完全

鸥科 Laridae /
鸥亚科 Larinae

黑嘴鸥

Saunders's Gull

Chroicocephalus saundersi

- 体长 29—33厘米
- 翼展 87—91厘米
- 体重 170—220克
- 受胁等级 易危(VU)

外观

小型鸥，二年型。外观似红嘴鸥但体型较小，黑色的喙短小。替换羽头罩黑色，黑色的翼尖具更明显的白点。

习性

飞行轻盈似燕鸥。在海边碱蓬盐滩的地面筑巢。喜欢出现在河口和潮间带地区。叫声比红嘴鸥轻柔，性温顺，不似红嘴鸥般常抢夺其他鸟类的猎获物，食性也不似红嘴鸥那么杂。

分类与分布

单型种。仅繁殖于中国境内长江以北的东部沿海，越冬于华北至华南的沿海，迷鸟至内陆湖泊。国外越冬于朝鲜半岛、日本，南至越南。

① 幼羽/辽宁－7月/张明
羽色似红嘴鸥，如P10腹面具较大面积的白色。但喙短小且为黑色

② 幼羽/江苏－6月/章麟
翼的图纹似红嘴鸥，但下翼
面黑色的初级飞羽数量较少

③ 幼羽/江苏－6月/章麟
与红嘴鸥相比，上翼面后
缘的白色较多而黑色较少

④ 第一换羽周期/辽宁－9月/张明
还保留较多的幼羽

⑤ 第一换羽周期/辽宁－4月/张明
已似成鸟基本羽，但翼覆羽、三级飞
羽、尾羽末端等处还有少量褐色

⑥ 第一换羽周期（右）与成鸟替换羽/江苏－6月/章麟
a.具完全的黑色头罩。上下眼睑白色与之对比强烈
b.第一换羽周期的个体仍保留着幼羽的飞羽，此时已严重磨损而呈针状

⑦ 成鸟基本羽与红嘴鸥（左下）/江苏—12月/蔡抗援
体型小于红嘴鸥。喙短而黑。腿为暗红色，不如红嘴鸥的
鲜明，常看上去为黑色。新的外侧初级飞羽端部白色显著

⑧ 成鸟基本羽/辽宁—9月/张明

⑨ 成鸟基本羽与红嘴鸥（左上和中央）/江苏－12月/蔡抗援
与红嘴鸥上翼面和下翼面的差别在远距离时不易看清，可结合
轻盈似燕鸥般的飞行姿态与红嘴鸥区分

红嘴鸥

⑩ 第一换羽周期与红嘴鸥/辽宁－10月/张明
a.注意体型、喙形，下翼面内侧初级飞羽黑色面积的差异
b.红嘴鸥为成鸟基本羽前换羽，最外侧初级飞羽还未生长完全，所以翅尖显得较圆。典型的翅形见图⑨

⑪ 成鸟替换羽/辽宁－6月/刘勇
腿的红色变得鲜明。颈部伸长引起黑色头罩轮廓的变化

⑫ 成鸟替换羽/辽宁－6月/张明
外侧初级飞羽端部的白色逐渐磨损后，仅剩黑色次端斑而似
红嘴鸥，但黑色面积小于红嘴鸥，则特定角度几乎不可见

鸥科 Laridae /
鸥亚科 Larinae

小鸥

Little Gull

Hydrocoloeus minutus

- 体长 24—30厘米
- 翼展 62—78厘米
- 体重 88—162克
- 受胁等级 无危(LC)

① 幼羽/新疆－8月/吕斌昭
上体多为黑色，仅大覆羽浅灰色

外观

　　小型鸥，三年型。是在世界鸥亚科中最小的种类，大小与浮鸥相仿。喙细小，腿短、颈短而更令其似浮鸥。翼尖圆钝。成鸟翼上无黑色，翼下飞羽几乎全黑，仅端部白色。替换羽头罩黑色，但无白色上下眼睑。

习性

　　飞行轻盈似浮鸥类，也像海燕般双脚踩踏水面。

分类与分布

　　单型种。繁殖于欧亚大陆、北美洲北部，越冬于西欧、北非、中东、北美洲东部。繁殖期国内见于新疆阿勒泰地区和内蒙古东北部额尔古纳河，迁徙和越冬时大部分在我国以西，仅偶见于各地。

② 幼羽／新疆—8月／吕斌昭
外侧初级飞羽黑色较多。中央尾羽不似楔尾鸥般突出

③ 幼羽与红嘴鸥（左）／新疆—8月／吕斌昭
下翼面白色居多

④ 第一换羽周期/四川－2月/王昌大
与体型相仿的楔尾鸥外观相似，但喙比
楔尾鸥细长

⑤ 第一换羽周期与红嘴鸥（背景）/江苏－5月/叶海江
a.体型小
b.上体的褐色已很少，仅较旧的幼羽的三级飞羽和外侧初级飞羽仍为褐色。
顶冠部分变黑但还未具完整的黑色头罩。尾羽大多已更替，无黑色的次端带

⑥ 第二换羽周期/芬兰－9月/Tom Lindroos
具完整的黑色头罩。整体似成鸟替换羽，但外侧初级飞羽
仍有少量黑色斑，下翼面灰色变深但还不似成鸟般那么黑

⑦ 成鸟替换羽/新疆－5月/张永
a.P10腹面黑色，仅末端明显白色
b.上翼面的飞羽以灰色为主，末端白色。
左翼的深色部分为右翼的阴影

⑧ 成鸟替换羽/新疆－5月/张永
下翼面飞羽黑色。覆羽的灰色具个
体差异，该个体的覆羽深灰色，较
接近飞羽的黑色。上翼面无黑色

楔尾鸥

Ross's Gull

Rhodostethia rosea

- 体长 29—32厘米
- 翼展 73—100厘米
- 体重 120—250克
- 受胁等级 无危(LC)

① 幼羽/俄罗斯—7月/Yuri Artukhin
上体不似小鸥般黑，喙短

外观

小型鸥，二年型。体型略大于小鸥但喙较短，尾呈楔形，翼更长且尖。替换羽无深色头罩，仅具狭窄的黑色颈环。基本羽头部比小鸥白，下翼面浅灰色，翼后缘白色不延伸至外侧初级飞羽。

习性

飞行轻盈似燕鸥。活动于北极区。

分类与分布

单型种。繁殖于西伯利亚和北美的极地，越冬于太平洋至大西洋极北部。中国有迷鸟记录于辽宁。

② 幼羽/俄罗斯—7月/Yuri Artukhin
a.尾呈楔形。黑色次端带仅限于中央几枚较长的尾羽
b.二级飞羽无黑色，翼后缘白色延伸至更外侧的初级飞羽

③ 第一换羽周期/俄罗斯－6月/Yuri Artukhin
a.颈部可显现似成鸟替换羽的黑色环，但飞羽仍保留幼羽
b.尾长，突出的中央尾羽已更替为无黑色次端带的新羽

③

④

⑤

④ 成鸟基本羽/俄罗斯－3月/Yuri Artukhin
翼比小鸥尖，翼后缘白色不延伸至翼尖。翼下灰色较浅

⑤ 成鸟替换羽/俄罗斯－6月/Yuri Artukhin
黑色颈环更显粗

⑥ 成鸟替换羽/俄罗斯—6月/Yuri Artukhin
尾比小鸥长

笑鸥

Laughing Gull

Leucophaeus atricilla

- 体长 36—43厘米
- 翼展 95—120厘米
- 体重 137—371克
- 受胁等级 无危(LC)

外观

中小型鸥，三年型。上体深灰色，喙较细长而似黑尾鸥，但成鸟尾全白且替换羽具黑色头罩。体型小于黑尾鸥而似红嘴鸥。

习性

振翅缓慢似大型鸥。极少似弗氏鸥般于水面掠食。主要活动于沿海。

分类与分布

单型种，或分为指名亚种与*megalopterus*亚种。中国有迷鸟记录于台湾。国外繁殖和越冬于美洲。

① 第一换羽周期/古巴－9月/王乘东
尾具宽阔的黑色次端带而似黑尾鸥。上体大部仍着幼羽，不如黑尾鸥的褐色浓重。喙和腿全黑。白色上下眼睑较显著

② 成鸟基本羽/古巴－9月/王乘东
尾羽白色。喙主要为黑色。腿黑色。
头部黑斑多少具个体差异

③ 成鸟替换羽/美国－4月/张宇
喙和腿红色明暗具体差异。具黑色头
罩和明显的白色上下眼睑。尾羽白色

③

④

④ 成鸟替换羽/厄瓜多尔－2月/Roger Ahlman
a.翼尖黑色面积较大，几乎无白色
b.若处在基本羽时，外观和飞行姿态可似迷你版的乌灰银鸥

鸥科 Laridae /
鸥亚科 Larinae

弗氏鸥

Franklin's Gull
Leucophaeus pipixcan

- 体长 32—38厘米
- 翼展 85—95厘米
- 体重 220—375克
- 受胁等级 无危(LC)

① 第一换羽周期/厄瓜多尔—1月/Roger Ahlman
a.头部深色形成不完整的头罩，上下白色眼睑显著
b.翼覆羽、飞羽、尾羽（具深色次端带）等均为幼羽。第一替换羽前换羽常为完全换羽，这些羽毛都更替后与成鸟相似

🕊 外观

中小型鸥，三年型。似遗鸥但体型小于红嘴鸥，上体灰色的深度接近黑尾鸥、笑鸥。喙不及黑尾鸥、笑鸥显长。各羽色均或多或少具黑色头罩。

✒ 习性

似红嘴鸥。唯一一种在一个换羽周期内进行两次完全换羽的鸥亚科鸟类，虽然有时替换羽前换羽可能不完全。

📍 分类与分布

单型种。中国有迷鸟记录于河北、香港、台湾。国外繁殖于北美洲北部，主要越冬于南美洲的西海岸。

② 成鸟基本羽/厄瓜多尔—11月/Roger Ahlman
喙不及笑鸥长，喙端常具红色。上下白色眼睑和头部深色较笑鸥更显著。三级飞羽端部白色更宽，初级飞羽新羽的白色端部也更大而显著

③ 成鸟基本羽/厄瓜多尔—11月/Roger Ahlman
翼尖黑色面积较笑鸥小，灰色与黑色被由翼后缘延伸而来的白色分隔开。尾羽中央灰色而两侧白色

① 成鸟替换羽/加拿大—6月/梅坚
喙和腿红色，黑色头罩完整。翼尖白色部分比基本羽的更大（此个体由P8向内几枚初级飞羽末端白色已磨损）

遗鸥

Relict Gull

Ichthyaetus relictus

- 体长 42—46厘米
- 翼展 119—122厘米
- 体重 420—665克
- 受胁等级 易危(VU)

① 幼羽与黑翅长脚鹬（右）/陕西－7月/肖红
a.站姿显高
b.上体浅灰色，即便在幼羽也以浅灰色为主而较少褐色

外观

中型鸥，三年型。上体浅灰色似红嘴鸥，但体型与黑尾鸥相仿，喙短粗且不似红嘴鸥般鲜红。翼尖黑白图纹似弗氏鸥。替换羽具黑色头罩。

习性

在内陆干旱地区的湖泊和浅水湿地集群繁殖，越冬主要于潮间带滩涂。

分类与分布

单型种。中国繁殖于内蒙古、陕西、河北，主要越冬于黄渤海，少量越冬于华南沿海、内陆（主要为亚成鸟）。国外繁殖于哈萨克斯坦、蒙古国、俄罗斯，越冬于朝鲜半岛，南可至越南。

参考文献：28。

② 幼羽与成鸟基本羽前换羽（左）/陕西－7月/肖红
喙短粗。成鸟喙暗红色，上下白色眼睑显著。黑色头罩已开始基本羽前换羽而逐渐变小，颜色因日晒风吹而变褐色

③ 第一换羽周期，构形羽/河北—10月/焦庆利

a.上体和翼覆羽经构形羽前换羽后很多已替换成了似成鸟的浅灰色羽毛

b.后颈具较密的深色斑。P10具较小的白色翼镜。P9有时也具更小的白色翼镜

④ 第一换羽周期，第一替换羽/山东－4月/李宗丰

a.头部出现少许黑色，喙基变得暗红。换羽程度具个体差异，有些个体可呈更接近完整的黑色头罩

b.第一替换羽前换羽为不完全换羽，翼覆羽、飞羽、尾羽还具很多磨损的幼羽

⑤ 第二换羽周期，第二基本羽/江苏－9月/章麟

a.第二基本羽前换羽为完全换羽，飞羽、尾羽等幼羽均已更替。似成鸟基本羽，但翼覆羽等还具少量黑色，翼尖黑色面积较大。P10、P9的白色翼镜比第一换羽周期的大

b.喙基部青绿色似第一换羽周期

⑥ 第三换羽周期/内蒙古－7月/王昌大

a.第二替换羽外观似成鸟替换羽，但外侧初级飞羽黑色较多并具两枚白色翼镜

b.已进入第三换羽周期，开始更替内侧几枚初级飞羽

⑦ 基本羽与黑嘴鸥（下）/天津－2月/陈学军

a.与黑嘴鸥相比，体型大、喙粗壮。另外需注意翼尖图纹的差异

b.黑嘴鸥为成鸟基本羽。颈部白色

c.遗鸥成鸟基本羽头颈较白，喙暗红色，初级飞羽端部白色较显著；第二基本羽、翼覆羽、三级飞羽等已无褐色，P10白色翼镜较大；第一基本羽后颈具较集中的深色斑，翼覆羽、三级飞羽等仍有较多褐色幼羽

⑧ 成鸟替换羽/天津－3月/刘勤
替换羽前换羽为不完全换羽，飞羽、尾羽未更替。头部换上黑色的头罩

⑨ 基本羽与红嘴鸥、海鸥/天津－11月/莫训强

a.体型大于海鸥，而海鸥大于红嘴鸥。成鸟站立时初级飞羽端部白色显著

b.注意与红嘴鸥翼尖图纹的差异

海鸥

红嘴鸥

⑩ 成鸟替换羽/天津－3月/刘勤

翼尖黑色较少，尤其P10的近端部已无黑
色，白色翼镜与白色端部连成整片的白色

⑪ 成鸟替换羽与黑嘴鸥（左）/辽宁－4月/张明
a.与黑嘴鸥相比，体型大、喙粗壮。另外需注意翼尖图纹的差异
b.黑嘴鸥为替换羽。喙黑色

⑫ 替换羽与棕头鸥，繁殖群/内蒙古－1月/张明
a.体型与棕头鸥相仿。喙更粗厚，替换羽中完整的头罩颜色、上下眼睑、虹膜色彩、翼尖图纹等有别于棕头鸥
b.头罩不完整的遗鸥个体可能为第一或第二换羽周期

鸥科 Laridae /
鸥亚科 Larinae

渔鸥

Pallas's Gull

Ichthyaetus ichthyaetus

· 体长 57—72厘米
· 翼展 146—172厘米
· 体重 900—2000克
· 受胁等级 无危(LC)

① 幼羽与红嘴鸥（右）/内蒙古－9月/林剑声
a.体型远大于红嘴鸥。额弓和喙形独特
b.换羽晚于红嘴鸥。红嘴鸥已着构形羽

外观

大型鸥，四年型，但比其他四年型的大型鸥更快地向成羽过渡。上体浅灰色似银鸥类，但粗壮的喙显长，额弓较平。外侧初级飞羽大部白色似体小的红嘴鸥，但翼尖黑白图纹则似银鸥类等大型鸥。唯一在替换羽具黑色头罩的大型鸥。

习性

在内陆水域中的小岛或河流交汇处集群繁殖。食性甚杂。

分类与分布

单型种。中国繁殖于西藏北部、青海和内蒙古西部，迁徙经西部和华南部分地区，零星越冬于南方。国外繁殖于黑海至蒙古国，越冬于地中海东部、非洲至东南亚的印度洋北部。

② 第一换羽周期/四川－1月/王昌大
喙基部变为肉色，端部黑色。有些褐色的幼羽更替为了灰色的新羽

③ 第一换羽周期/新疆–9月/夏咏

a.较接近幼羽，一些翼覆羽刚脱落；喙基本仍为黑色

b.从上翼面看，大覆羽色较浅且不具复杂的褐色斑纹，形成一条较宽的翼带；尾羽黑色次端带较宽，与白色的尾上覆羽和尾羽基部对比强烈

❸

❹

④ 幼羽与成鸟替换羽/新疆–7月/李晶

a.大覆羽色彩更平淡的幼羽个体。尾下覆羽同尾上覆羽一样为白色

b.成鸟的喙较粗厚，可能是一只雄性

⑤ 第一换羽周期/广西－11月/唐上波
a.下翼面具少量褐色条纹。初级飞羽无白色翼镜
b.白色上下眼睑较其他大型鸥显著

⑥ 第二换羽周期/西藏－1月/张永
a.喙黄色变得更浓重，具黑色间以少量红色的次端斑
b.比其他大型鸥更快地换上似成鸟的羽色。上体大多换为灰色的羽毛，仅翼前后缘仍具较多黑褐色，尾羽的黑色次端带似第一换羽周期
c.内侧灰色初级飞羽与外侧黑褐色初级飞羽反差强烈。P10具较小的白色翼镜

⑦ 第二换羽周期/云南－12月/廖辰灿
与图⑥个体相比，更替了更多翼前缘覆羽与二级飞羽，上翼面前后缘深色面积已很小

⑧ 第二换羽周期与红嘴巨鸥/广西－11月/唐上波
a.与图⑦个体相比，翼前缘深色覆羽已很少，尾羽的黑色次端斑也不显著
b.下翼面较白，缺少第一换羽周期中的褐色条纹

⑨ 第二换羽周期/青海－5月/钟悦陶
第二替换羽头罩全黑

⑩ 第三换羽周期/西藏－1月/许明岗
a.较其他具深色头罩的鸥更早换上头罩
b.翼的图纹接近成鸟。上翼面外侧前缘大面积白色似红嘴鸥等。喙的黑色次端斑附近具鲜明的红色，也似成鸟。仅尾羽仍具少量黑色

⑪ 第三换羽周期/西藏－1月/许明岗
a.与图⑩同一时间同一地点的个体。极似成鸟基本羽，尾无黑色，腿、脚黄色
b.与成鸟在翼尖黑色面积的大小具许些差异

⑫ 成鸟替换羽/云南－2月/王昌大
a.黑色头罩与白色上下眼睑呈鲜明对比
b.翼尖白色面积较未成鸟大而黑色面积则较小

⑬ 成鸟与蒙古银鸥/山东－9月/李宗丰
成鸟在进行基本羽前换羽，P10、P9未脱离，而内侧在生长的新的初级飞羽还不可见。体型大于银鸥类。与东部的蒙古银鸥相比，腿的黄色鲜明

里海银鸥或蒙古银鸥幼羽

幼羽

⑭ 成鸟、第二、第三换羽周期、幼羽与里海银鸥或蒙古银鸥/新疆—7月/李晶
a.体型大于银鸥，头颈和喙的轮廓更显长
b.成鸟翼前缘白色显著，而幼羽下翼面以白色为主，有别于对应羽色的银鸥

鸥科 Laridae /
鸥亚科 Larinae

黑尾鸥

Black-tailed Gull

Larus crassirostris

- 体长 46—48厘米
- 翼展 118—124厘米
- 体重 436—640克
- 受胁等级 无危(LC)

外观

中型鸥，四年型。成鸟上体深灰色而似体型更大的乌灰银鸥，但喙显细长。成鸟喙端除红色外还具黑色条带。外侧初级飞羽大部黑色，极少具白色翼镜，各羽色尾部均具很宽的黑色次端带。

习性

繁殖于海岸峭壁、岛屿。常跟随渔船飞行，也会从其他海鸟处劫掠食物。

分类与分布

单型种。繁殖于朝鲜半岛、日本和俄罗斯东部沿海，主要越冬于日本至我国华南。中国繁殖于渤海至福建沿海，主要越冬于华东至华南沿海，少量越冬于内陆。

① 幼羽/山东—7月/葛蕴丰
a.长喙和较平的额使其头部轮廓似体型更大的渔鸥。喙大部粉色，端部黑色
b.整体褐色较深。尾羽几乎全黑

② 幼羽/辽宁—7月/张明
a.幼羽的初级飞羽端部较尖
b.尾羽几乎全黑。新羽端部还未磨损，狭窄的白色可见

③ 幼羽/辽宁－7月/张明
a.大覆羽较暗且无明显斑纹，形成暗色翼带
b.尾上覆羽褐色较多

① 第一换羽周期/河南　12月/杜卿
背部和肩羽更替了一些新羽，头颈逐渐变白

a.尾羽几乎全黑；末端狭窄的白色随着磨损很快就不可见。国内可见的其他各种鸥的未成年羽色其尾羽的深色次端带均不及黑尾鸥的宽，仅灰背鸥、织女银鸥（见前言）等大型鸥的某些个体尾羽深色带的宽度会与黑尾鸥接近，但需注意黑尾鸥的腰至尾上覆羽很快换羽后较少具暗色点斑，整体显得很白而与黑色的尾羽呈强烈对比。此特征也可在远距离时将其区别于深褐色为主的贼鸥等海洋鸟类

b.注意与大型鸥体型、振翅幅度上的差异

⑥ 第一换羽周期与织女银鸥、遗鸥/江苏－12月/章麟

a.与遗鸥同属于中型鸥，体型相仿。两者明显小于银鸥类等大型鸥。在三者中喙最显长

b.遗鸥与黑尾鸥均为当年出生个体。遗鸥着构形羽，而黑尾鸥无构形羽前换羽，在进行第一替换羽前换羽，背部、肩羽更替为了一些新羽

⑦ 第一或第二换羽周期与第二或第三换羽周期、成鸟替换羽/辽宁—5月/章麟
a.第一或第二换羽周期个体头颈至下体褐色而更显白，翼覆羽、飞羽等已严重磨损
b.第二或第三换羽周期个体为第二替换羽，头白似成鸟替换羽。肩背部灰色不如成鸟的深，翼覆羽、三级飞羽等处的褐色羽毛磨损也较严重。喙端具类似成鸟的黑色和红色斑点但黑色更多，喙基和腿部变为黄色但较成鸟的暗淡

⑦

第一或第二换羽周期

第二或第三换羽周期

⑧

⑨

⑧ 第二换羽周期/辽宁—5月/章麟
与图⑦中的第一换羽周期个体见于同一区域同一时间。已开始进行第二基本羽前换羽，正在更替几枚内侧初级飞羽

⑨ 第二换羽周期/辽宁—8月/张明
在进行第二基本羽前换羽，最外侧几枚初级飞羽已脱离，因而翼显得很短

⑩ 第二换羽周期与遗鸥（焦外）/江苏－9月/韩永祥
a.逐渐换上第二基本羽后，白色的头部具一些暗色斑
b.遗鸥替换羽个体头部或多或少的黑色头罩而可能似黑尾鸥，但上体灰色较浅

遗鸥上体灰色较浅

⑪ 第二换羽周期/辽宁－5月/章麟
着第二替换羽。尾羽几乎全黑，似第一换羽周期

⑫ 第二换羽周期与成鸟替换羽/辽宁－5月/章麟

着第二替换羽。尾羽具个体差异。该个体的尾羽黑色次端带较窄，末端白色较宽而似第三替换羽

⑬ 第二换羽周期与第三换羽周期（中）/江苏－6月/章麟

a.第三换羽周期与第二换羽周期外观常较相似，仅喙基颜色更黄而逐渐接近成鸟

b.均已开始更替内侧初级飞羽。第二换羽周期个体新换上的初级飞羽呈深灰色，端部几乎无白色，更接近幼羽的外观（似图⑫）；第三换羽周期个体的新的初级飞羽则呈浅灰色且端部具较宽的白色，似成鸟

成鸟

⑭ 第三换羽周期与成鸟替换羽（左）/辽宁－5月/章麟

a.第三替换羽与成鸟替换羽非常相似，如上体灰色均一、外侧初级飞羽偏黑色而端部白色等。三级飞羽仍略偏褐色。这个个体的喙和腿部色彩不如成鸟艳丽

b.成鸟的初级飞羽端部白色已磨损而不显

⑮ 第三换羽周期与成鸟替换羽（右）/辽宁－5月/章麟

第三替换羽与成鸟替换羽非常相似，但二级飞羽多黑色，尾羽的黑色次端带有时较宽而白色末端则较窄

⑯ 第三基本羽或成鸟基本羽前换羽/江苏－9月/韩永祥
a.基本羽头部的白色中会有一些黑色斑纹；外侧初级飞羽还未脱落，内侧新长出的初级飞羽白色末端显著
b.喙基和腿的颜色不如替换羽时艳丽

⑰ 成鸟基本羽/辽宁－10月/张明
a.飞羽换羽已完成
b.该个体头部黑色斑纹很少，喙基和腿的颜色不如替换羽时艳丽

⑱ 黑尾鸥与灰背鸥、织女银鸥、北极鸥/日本－3月/陈学军
a.几种鸥上体灰色的差异，以及头颈部更替为替换羽的差异。其中北极鸥的灰度值为2.5—5，织女银鸥为5.5—8，黑尾鸥8—9.5，灰背鸥9.5—14（该个体未达成鸟羽色，上体灰色一般比成鸟略浅）
b.左侧的黑尾鸥为第三替换羽，与右下方的成鸟替换羽相比喙和腿的色彩略暗淡，初级飞羽端部白色不显著（磨损后则两者差异缩小）

⑲ 成鸟替换羽、第二替换羽与第三替换羽/辽宁－5月/章麟
喜跟随船只

鸥科 Laridae /
鸥亚科 Larinae

海鸥

Mew Gull

Larus canus

- 体长 40—52厘米
- 翼展 100—135厘米
- 体重 290—586克
- 受胁等级 无危(LC)

① 第一换羽周期／四川－12月／王昌大
a.喙比银鸥等大型鸥细小，大覆羽较平淡
b.无杂形羽。除背部少量更替了一些替换羽、头部褐色发白外，整体基本似幼羽。由较晚的换羽时间和较宽的尾部深色次端带判断为*kamtschatschensis*亚种

🪶 外观

中型鸥，四年型。成鸟上体浅灰色，替换羽不具深色头罩而似银鸥类及三趾鸥。各羽色似银鸥类等大型鸥，但喙较细小。

✒ 习性

似红嘴鸥等。

📍 分类与分布

四个亚种。其中*heinei*亚种繁殖于欧洲至西伯利亚中部，*kamtschatschensis*亚种繁殖于其以东至西伯利亚东北部。中国迁徙时见于除西藏外的大部，越冬于沿海和内陆。*brachyrhynchus*亚种主要分布于北美洲，有报道于香港，可能为迷鸟。繁殖于欧亚大陆北部和北美东北部，越冬于欧洲至中东、东亚及北美西海岸。

参考文献：31、32。

② 第一换羽周期／天津－2月／陈学军
头颈至下体、尾下覆羽偏白色，通常仅有一些褐色斑集中于后颈。尾羽深色次端带较窄，基部白色较多，而下翼面褐色条纹也不太显著，为*heinei*亚种

③ 第一换羽周期/宁夏－12月/胡岩松
头颈至下体、尾下覆羽褐色浓重，下翼面多暗褐色条纹，尾上覆羽也具较多褐色斑点而尾羽深色次端斑较宽，为 *kamtschatschensis* 亚种

④ 第一换羽周期/宁夏－12月/朱东宁
头颈至下体、尾下覆羽褐色浓重但更呈零散的斑点状，多集中于后颈至两胁而较少于腹部中央。下翼面多暗褐色条纹但不如图③中个体粗显，例如腋羽的深色边缘仅集中于近端部。整体感觉比典型的 *heinei* 亚种色暗而比 *kamtschatschensis* 亚种淡。两亚种繁殖区的搭接地带裸具兼具两者特征的中间型

⑤ 第一换羽周期/天津－2月/陈学军
heinei 亚种。尾羽特征可见

⑥ 第一换羽周期与红嘴鸥替换羽（背景）/辽宁－4月/张明
a.体型大于红嘴鸥，尤其是饱满的胸腹部轮廓更似大型鸥
b.头颈、下体、翼覆羽已严重褪色而显白，但后颈部仍有较集中的深色斑纹，为 *kamtschatschensis* 亚种

⑦ 第一换羽周期/天津－2月/陈学军

a.在各亚种中，*kamtschatschensis*亚种体型最大，喙最粗壮。但注意性别差异可能会大于亚种或种间差异

b.*heinei*亚种肩背部换羽略早，头颈至下体较白。与体型特征结合判断，左侧两只为*heinei*亚种，右侧一只为*kamtschatschensis*亚种

⑧ 第二换羽周期/四川－1月/王昌大

与第一换羽周期类似，*heinei*亚种的第二基本羽通常在头颈部较少具深色斑纹。翼覆羽较少具褐色，三级飞羽较少具深色，因而整个上体灰色显得均一

⑨ 第二换羽周期／四川－1月／王昌大

a.与第一换羽周期类似，*kamtschatschensis*亚种的第二基本羽通常在头颈部具较致密的深色斑纹。翼覆羽常多褐色，三级飞羽常多深色

b.与成鸟基本羽相比，尾羽或多或少保留有深色次端带，初级飞羽黑色较多而白色较少。喙基部色彩可能变得鲜艳但仍保留深色的尖端

⑩ 成鸟基本羽与第一换羽周期／新疆－12月／梁海容

a.成鸟喙和腿鲜黄色。有些个体在喙部具暗色条带等。头颈至下体较白，暗色斑纹集中于后颈，为*heinei*亚种。初级飞羽下垂，显露出其基部的一些特征，也可作为亚种判断的依据：P9基部灰色不具白色端部（图中P9仅露出部分外翈，无灰色）>P5的黑色端斑中间断开>P7基部灰色不具白色端部（初级飞羽特征的完整检索见参考文献31）

b.第一换羽周期个体头颈至下体褐色浓重程度具个体差异，但总体上不如*kamtschatschensis*亚种显著。左侧个体可见较窄的尾羽深色次端带。两者可能均为*heinei*亚种

⑪ *heinei*亚种成鸟基本羽/天津－2月/陈学军

a.总体外观特征同上

b.P9基部灰色不具白色端部（图中P9灰色仅限于内翈）>P5具完整的黑色次端斑>P8无白色翼镜>P8外翈基部具灰色>P7基部灰色不具白色端部；可与P6、P5比较（初级飞羽特征的完整检索见参考文献31）

⑫ *kamtschatschensis*亚种第三/第四换羽周期/俄罗斯－6月/慕童

a.P9基部灰色不具白色端部（图中P9灰色仅限于内翈）>P5具完整的黑色次端斑>P8无白色翼镜>P8外翈基部具灰色>P7基部灰色不具白色端部>P9外翈基部黑色>P7基部灰色的白色端部较宽且P4具黑斑（初级飞羽特征的完整检索见参考文献31）

b.初级飞羽大覆羽及小翼羽具少量黑斑表明其可能是第三替换羽。右翼的P1已脱离，而左翼的P1未脱离，可能已进入第四换羽周期

⑬ 成鸟与织女银鸥（左）/辽宁－10月/张明

a.该海鸥个体与织女银鸥个体的体型差距没有上图中那么显著（且其位于背景中，若将其放置于与织女银鸥身边则体型差距应更小），结合头颈部较致密的深色斑纹（随后数月可能还会继续增多）判断为*kamtschatschensis*亚种。可能为雄性。注意喙的粗壮程度仍不及银鸥类等大型鸥

b.在进行基本羽前换羽，初级飞羽还未生长完全而显得翼较短

⑭ 成鸟与蒙古银鸥（背景及左）/辽宁－3月/张明

a.海鸥通常小于银鸥。但体型最大的*kamtschatschensis*亚种中体型较大的个体（雄性），可能与体型较小的银鸥类（雌性）产生混淆，需结合其他特征进行仔细判断

b.*heinei*亚种似蒙古银鸥，着基本羽时头颈部深色斑纹较少，在进行替换羽前换羽时这些斑纹很快消失而使得整个头颈显白。结合初级飞羽的图纹特征，海鸥1为*heinei*亚种。右侧两只海鸥头颈部尤其是后颈仍具较多深色斑纹，应为*kamtschatschensis*亚种。其中海鸥3头较圆、喙较细小而似*brachyrhynchus*亚种，其与海鸥2的形态差异可能反映了性别

c.*heinei*亚种灰度值为5—9，*kamtschatschensis*亚种为6—9，蒙古银鸥为5—6

⑮ 第二换羽周期与黑尾鸥（左）、蒙古银鸥（右）、灰背鸥（右前）/日本－2月/陈学军

a.*kamtschatschensis*亚种。体型与黑尾鸥相仿。海鸥上体的灰色通常没有黑尾鸥（灰度值8—9.5）那么深，但两者的灰度值存在重叠，因而上体灰色十分接近（图中海鸥的成鸟羽色后灰色可能会更深一点）

b.海鸥达成鸟羽色后也会具较黄的喙，但喙形仍没有黑尾鸥粗厚，近端部红色、黑色的斑（如有）也不如黑尾鸥的显著

⑯ 第一换羽周期/加拿大－12月/张迎新

a.brachyrhynchus亚种体型最小，头形较圆，喙短小

b.幼羽由头颈至整个下体具浓重的褐色，但观感较模糊而不似kamtschatschensis亚种般具较明显的斑块或纹路。尾羽和飞羽的差异在此图中不可见。喙基部色彩通常没有heinei和kamtschatschensis亚种那么鲜明

⑰ 成鸟基本羽/加拿大－12月/张迎新

a.brachyrhynchus亚种灰度值为6—8，一般略浅于上述两亚种而浓于指名亚种。同样注意其头形、喙形，以及头颈部观感较模糊的暗色斑

b.翼尖图纹中的黑色通常较少（在此图中不可见）

⑱ 第二换羽周期/加拿大—11月/张迎新

*brachyrhynchus*亚种，第二基本羽。尾羽仍具较明显的深色次端带，但比第一换羽周期的窄很多。P10具白色翼镜，下翼面几乎没有褐色斑纹而有别于第一换羽周期。头颈至胸部的暗色似成鸟基本羽，较模糊而呈头罩状

⑲ 环嘴鸥*Larus delawarensis*/美国—2月/Tom Lindroos

a.成鸟，头部深色纵纹已基本消失，近替换羽。各羽色均与海鸥外观相似，体型相仿。成鸟上体灰色淡（灰度值3—5）。喙具黑色次端带可似某些阶段的海鸥个体，但三级飞羽白色端部不显著

b.分布于北美洲，迷鸟至东亚

鸥科 Laridae /
鸥亚科 Larinae

灰翅鸥

Glaucous-winged Gull

Larus glaucescens

- 体长 56—68厘米
- 翼展 132—150厘米
- 体重 890—1690克
- 受胁等级 无危(LC)

外观

大型鸥，四年型。喙较银鸥类粗壮。喙底角突出，喙的下缘不似北极鸥般与上缘平行，而是更向下弯曲，使得喙端整体显得膨大而下坠。是我国有分布的替换羽无深色头罩的大型鸥（俗称"大型白头鸥"）中喙最显粗壮者，但注意体小的个体，喙也会更小而接近其他大型鸥。成鸟上体浅灰色似织女银鸥，但翼尖仅具少量灰色而非黑色，与上体灰色程度接近或略暗。站立时初级飞羽突出尾端较少，似北极鸥和灰背鸥。

习性

典型的大型鸥，食性杂。分布纬度较高，主要分布于沿海。

分类与分布

单型种。中国零星越冬于沿海。国外繁殖于俄罗斯远东至北美洲西北部沿海，越冬于日本，以及北美洲西海岸。

参考文献：33。

① 第一换羽周期与灰背鸥（左）/日本－1月/陈学军

a.二级飞羽较宽，站立时常显露"裙边"。但注意这与翼折合的状态有关，在其他大型鸥中有时也会比较明显（如前言第11页）。喙粗大，前端具"下坠"感

b.大部仍着幼羽。整体褐色带灰色调且较均一，飞羽与覆羽、肩羽等反差不大

c.腿的颜色通常较暗

② 第一换羽周期与灰背鸥/日本—1月/陈学军
飞羽整体为较浅的褐色，与尾羽等色彩反差不
大，也不具"翅窗"。尾羽基本全为褐色

③ 第一换羽周期与灰背鸥（左）/日本—1月/陈学军
a.与灰背鸥相比，整个上翼面较"平淡"，飞羽与其覆羽的
反差不大
b.灰背鸥飞羽深褐色，内侧初级飞羽浅色部分形成"翅窗"

④ 第一换羽周期/日本—3月/陈学军
羽毛漂白褪色的个体，外观似北极鸥、灰背
鸥等其他大型鸥。注意其喙形的差异，并且
北极鸥幼羽时喙基浅色与喙端深色对比分明

⑤ 第二换羽周期与灰背鸥（背景）/日本－1月/陈学军
外观极似第一换羽周期，但初级飞羽端部圆钝。肩背部逐渐长出的灰色羽毛使其看上去灰色更纯。有些个体喙基部颜色开始变浅

⑥ 第二换羽周期/日本－1月/陈学军
尾上覆羽斑纹中的浅色部分比第一换羽周期的大，整体显得色浅。有些个体尾羽基部也色浅

⑦ 第二换羽周期/日本－1月/陈学军
羽色发展更快的个体。肩背部大部分呈灰色。尾上覆羽逐渐更替为白色羽毛，与灰色的腰及仍具灰褐色的尾呈对比

⑧ 第三换羽周期与黑尾鸥/日本－1月/陈学军
a.腿出现粉色、喙出现黄色，均逐渐似成鸟。基本羽中头颈至胸部的褐色较模糊，而银鸥类等则呈更清晰的纵纹状
b.翼和尾仍具少量黑褐色

⑨ 第三换羽周期/日本－3月/陈学军

a.翼的特征接近成鸟。翼尖仅具少量褐灰色而非黑色，与灰色的整个上翼面反差不大。P10具翼镜

b.尾上覆羽白色

⑩ 第四换羽周期与织女银鸥/日本－3月/陈学军

a.注意其喙形与织女银鸥的差异。初级飞羽短，灰色而非黑色

b.头颈部已无深色纵纹，为替换羽

⑪ 成鸟基本羽与织女银鸥/日本－3月/陈学军

a.基本羽中头颈至胸部的褐色较模糊，有时呈现细密的横纹

b.翼较银鸥类宽，二级飞羽露出大覆羽后较多

⑫ 第一换羽周期/上海－2月/陈学军

a.上海唯一一笔记录来自于2015年。与"纯种"灰翅鸥相比，该个体外侧初级飞羽内翈过暗，尾羽基部和尾上覆羽过浅

b.灰翅鸥有记载与多种大型鸥杂交，其中于我国有分布的为灰背鸥、北极鸥。该个体做为与灰背鸥杂交记录对待可能更加合适

鸥科 Laridae /
鸥亚科 Larinae

北极鸥

Glaucous Gull

Larus hyperboreus

- 体长 55—77厘米
- 翼展 132—162厘米
- 体重 964—2700克
- 受胁等级 无危(LC)

a.整体以褐色为主。喙粉色，端部黑色。喙上下缘基本平行，喙端不显著膨大。似黑尾鸥，但其体型更大，初级飞羽色浅
b.无构形羽前换羽

🦅 外观

大型鸥，四年型。翼尖白色。成鸟上体浅灰色淡于织女银鸥，其中*barrovianus*亚种灰度值为3.5－5，*pallidissimus*亚种的则为2.5－4。喙较银鸥类粗壮。

✒ 习性

似灰翅鸥等，分布纬度较高。杂食性。

📍 分类与分布

三或四个亚种，繁殖于亚北极北部，越冬于大西洋和太平洋北部沿海。在中国越冬于东北、华北和华东等沿海地区，多被归为*barrovianus*亚种，其繁殖于阿拉斯加。而*pallidissimus*亚种繁殖于西伯利亚中东部至白令海，越冬于东亚。台湾的记录或被归为指名亚种，或被归为*pallidissimus*亚种。指名亚种分布范围较*pallidissimus*亚种更偏西，且两者体型均大于*barrovianus*亚种而成鸟上体灰色也均浅于*barrovianus*亚种。《中国动物志 鸟纲》对*barrovianus*亚种的描述仅基于前苏联的标本。中国的记录可能更多的是*pallidissimus*亚种。

❷

② 幼羽/新疆－1月/夏咏
飞羽近白，仅在近端部有些许淡褐色

④ 第一换羽周期/辽宁—3月/张明
a.已"漂白"的个体。下翼面较少受日晒风吹而仍具较多褐色
b.另见第6页图⑥指名亚种第一换羽周期

⑤ 第二换羽周期（前景）与灰背鸥、织女银鸥等/日本－1月/陈学军
外观与第一换羽周期非常相似，但虹膜色浅，与深色的瞳孔呈对比

⑥ 第三换羽周期/日本－1月/杉山好子
上体大致灰色，头颈至胸腹部具褐色斑纹，似成鸟基本羽。但灰色上体杂有带褐色斑纹的羽毛。喙逐渐变黄，而喙端的黑色逐渐缩小

⑦

8

9

⑧ 第四换羽周期与成鸟（左）、蒙古银鸥（中）/辽宁－3月/张明

a.体型较蒙古银鸥大，喙粗厚。初级飞羽突出较少，身体后部轮廓显短

b.第四换羽周期个体基本似成鸟，仅喙和腿的色彩略暗淡。两者均在进行替换羽前换羽，前者头部已无深色斑纹

⑨ 成鸟基本羽前换羽/俄罗斯－7月/慕童

依繁殖范围应为pallidissimus亚种。已开始更替内侧初级飞羽

鸥科 Laridae /
鸥亚科 Larinae

织女银鸥

Vega Gull

Larus vegae

- 体长 55—68厘米
- 翼展 125—155厘米
- 体重 850—1580克
- 受胁等级 无危(LC)

外观

大型鸥，四年型。形态似其他银鸥类，站立时初级飞羽突出于尾端较多。成鸟上体浅灰色似里海银鸥，其中指名亚种略暗。基本羽头颈部具深灰褐色纵纹并及胸部，在指名亚种中尤其致密。

习性

似其他大型鸥。不具里海银鸥般的"信天翁"式威吓鸣叫行为。

分类与分布

两或三个亚种。繁殖于西伯利亚北部的亚种中，指名亚种分布偏东，至阿拉斯加圣劳伦斯岛；而*birulai*亚种分布偏西，至泰梅尔半岛。此处将*birulai*亚种并入指名亚种，则其主要越冬于日本至中国。国内冬季常见于沿海地区，也见于南方主要河流近海段。*mongolicus*亚种在《中国鸟类名录7.0》及之前若干个版本中为独立物种，称为"蒙古银鸥"。繁殖于外贝加尔至蒙古国及黄海地区，越冬于日本至中国。国内繁殖于内蒙古至东北的内陆水域和沿海岛屿，冬季常见于沿海地区，也见于南方内陆水域。新疆北部繁殖的种群可能多为本亚种，可能少量越冬于新疆而更多地越冬于东部。

参考文献：34。

① 幼羽/辽宁－8月/张明
a.来自繁殖于黄海沿海岛屿的蒙古银鸥种群
b.轮廓似里海银鸥、乌灰银鸥等。上体羽毛边缘和中央的图纹中浅色部分较多，头颈至下体也同样浅色较多，整体显得白净。三级飞羽近端部羽缘的浅色较宽。内侧大覆羽图纹似外侧大覆羽，具深浅相间的斑纹
c.新疆等西部地区种群的幼羽则可能整体褐色较多而似里海银鸥、乌灰银鸥等

② 幼羽或第一换羽周期与红嘴鸥（右）/日本－12月/陈学军
a.指名亚种。其繁殖范围较蒙古银鸥偏北，换羽比蒙古银鸥晚。仍基本着幼羽。喙基部逐渐变浅
b.一般下体比蒙古银鸥褐色更浓重，整体显暗。尾羽深色次端带较蒙古银鸥宽，但在站立姿态时不易判断

③ 幼羽/辽宁－8月/张明
a.与图①为同一个体。内侧初级飞羽较浅，形成"翅窗"，下翼面覆羽褐色较少，似里海银鸥。注意其外侧大覆羽与里海银鸥、乌灰银鸥等的差别
b.尾羽的深色次端带较指名亚种窄，其与尾羽基部间还有数条很窄的深色带

④ 第一换羽周期/日本－12月/陈学军
a.指名亚种。尾羽的深色次端带较蒙古银鸥宽，尾上覆羽褐色也较多，更似黑尾鸥、灰背鸥等
b.飞行时与灰背鸥非常相似，最好在站立时注意其初级飞羽长度、色彩来与灰背鸥相区别

⑤ 第一换羽周期/上海－1月/陈学军
蒙古银鸥。肩背部更替的新羽具较细的"锚"状斑，整体浅灰色，而头颈部至下体褐色逐渐消失，翼上的褐色部分逐渐褪色，远观整体显白

⑥ 第一换羽周期/日本－3月/陈学军
指名亚种。外观似蒙古银鸥，仅换羽可能较晚，显得不那么白净

⑦ 第二换羽周期（左、中）与成鸟、黑尾鸥等/辽宁－5月/章麟

蒙古银鸥。第一替换羽中翼覆羽为未更替的幼羽，已严重磨损漂白。照片中央个体尤甚，整体显白，喙基部浅色与端部深色界限更分明，飞羽褐色也变淡，似灰背鸥与北极鸥的结合体。注意其初级飞羽仍较灰背鸥和北极鸥长

⑧ 第二换羽周期（右）与成鸟、黑尾鸥等/辽宁－5月/章麟

与图⑦同一个体。可见正在生长的P1、P2

⑨ 第二换羽周期与成鸟（右）/俄罗斯－8月/慕童

指名亚种。喙基部浅色比较鲜明。整体仍似第一换羽周期，新长出的初级飞羽端部仅具较窄的浅色而似幼羽，但形状较圆钝，有别于较尖的幼羽（已磨损）

⑩ 第二换羽周期/辽宁－8月/张明

a.蒙古银鸥。肩背部具深色"锚"状斑的第一替换羽逐渐被似成鸟的灰色羽毛替换

b.大覆羽的斑纹较幼羽更致密，但浅色部分仍较宽。里海银鸥该部位仍以暗褐色为主，类似于幼羽与蒙古银鸥的区别

c.类似于成鸟基本羽，第二基本羽头颈部深色纵纹不如指名亚种致密

083

⑪ 第二换羽周期/辽宁－8月/张明
a.蒙古银鸥。尾羽仍具明显的深色次端带，但白色的尾上覆羽至腰部已几乎不具褐色斑点，与尾羽的深色次端带对比更强烈
b.P10、P9为幼羽，P1—P7为新羽。S1、S2、三级飞羽为新羽，中间旧的二级飞羽有些已脱落

⑫ 第二换羽周期（飞）与第一换羽周期/上海－2月/陈学军
a.蒙古银鸥。喙的颜色较鲜明，似成鸟，仅喙底向上具黑色带。虹膜颜色也开始变浅
b.飞羽更替已完成。类似于第一换羽周期，内侧初级飞羽浅色部分形成"翅窗"

⑬ 第二换羽周期/上海－3月/陈学军
蒙古银鸥。有些个体的P10具白色翼镜。与⑫中个体相比，该个体内侧初级飞羽偏灰色且近端部缺少黑色，更似成鸟，可能在生长时激素水平较高

⑭ 第二换羽周期/日本－3月/陈学军
a.指名亚种。类似于第一换羽周期，第二换羽周期个体尾羽的深色次端带仍较蒙古银鸥宽
b.头颈部深色纹路较粗，不如蒙古银鸥清晰，且范围较大，至胸腹部

⑯ 第三换羽周期（中左）与成鸟替换羽及黑
尾鸥/辽宁－5月/章麟

a.第三换羽周期个体上体灰色已近成鸟，但大
覆羽已漂白。外侧初级飞羽较成鸟偏褐色。
b.该个体腰、脚比其右侧两只成鸟偏黄色。蒙
古银鸥东部繁殖种群腿偏粉色的个体较多，
而在新疆等地的西部种群中则腿偏黄色的个
体可能占绝大多数因而易与里海银鸥混淆

⑰ 第三换羽周期（右下）与成鸟替换羽/
第四换羽周期及黑尾鸥/辽宁－5月/章麟

a.蒙古银鸥。第三换羽周期个体已漂白的
大覆羽与灰色的中覆羽、小覆羽呈对比。
已开始更替内侧初级飞羽
b.左侧展翅的个体初级飞羽大覆羽具两个
黑色点斑，可能为第四换羽周期。其余特
征同成鸟替换羽

⑱ 第三换羽周期/日本－3月/陈学军
a.指名亚种。似成鸟基本羽。初级飞羽端部白色较大，有别于第一、二换羽周期
b.三级飞羽、翼覆羽、尾羽仍具少量褐色而有别于成鸟

⑲ 第三换羽周期/上海－3月/陈学军
a.蒙古银鸥。尾羽已全白似成鸟，但翼尖黑色较多，白色翼镜也不显著
b.与指名亚种难区分。着基本羽时似成鸟，头颈部深色纵纹较少

⑳ 蒙古银鸥与灰背鸥（左）/江苏－12月/章麟
a.与指名亚种外观相似。着基本羽时头颈部纵纹通常少而清晰，但具个体差异，较少者似里海银鸥
b.换羽比指名亚种早，中央四只成鸟的初级飞羽已基本生长完全
c.翼生长完全后较灰背鸥长，整体不似灰背鸥般圆胖

㉑ 成鸟基本羽前换羽与红嘴鸥（左）/日本－12月/陈学军
　a.指名亚种。换羽较蒙古银鸥晚。拍摄日期比图㉒早两天
　（相邻年份），最外侧初级飞羽还未生长完全，翼显得短而
　似灰背鸥等
　b.头颈深色纹路在一些个体中可延至胸部

㉒ 泰梅尔银鸥/江苏－12月/章麟
　a.分类地位见乌灰银鸥。换羽较织女银鸥晚。拍摄日期与图㉑相同（相邻年份），中间的成鸟旧的
　P10还未脱落，上方成鸟旧的P9、P10均未脱落（P9不具白色翼镜）
　b.织女银鸥、蒙古银鸥具类似图中的威吓鸣叫姿态，而不具里海银鸥般的"信天翁"式威吓鸣叫行为

㉓ 第一至第四换羽周期及成鸟/辽宁－1月/张明

 a.指名亚种基本羽中头颈至胸部的深色纹路甚至在3月仍可能较明显，而蒙古银鸥头颈部则更早变白而似里海银鸥

 b.大部分成鸟P10、P9均具白色翼镜

㉔ 成鸟替换羽/俄罗斯－6月/慕童

指名亚种。来自于西伯利亚极东部。该种群腿为粉色。在偏西的繁殖种群中（*birulai*亚种）则有个体腿偏黄色，外观更似泰梅尔银鸥，但其上体灰色则浅于东部种群

㉕ 成鸟基本羽前换羽/俄罗斯－6月/慕童

a.通常P10、P9均具白色翼镜。P10的翼镜在P10端部磨损后看上去几乎延伸到端部而似里海银鸥。具类似灰背鸥的"一串珍珠"但不如其显著（详见灰背鸥）

b.指名亚种。替换羽与蒙古银鸥相仿，上体的灰色略暗但在野外难以判断。通常翼尖黑色较蒙古银鸥少。该个体P1已脱落，翼尖黑色延至P5且于P5的内翈不显著

㉖ 第五换羽周期/新疆－7月/李晶

a.外侧初级飞羽大覆羽具少量黑斑，可能刚达成年羽色。在进行基本羽前换羽，P6未生长完全，P7还不可见。翼尖黑色延至P4，在P3外翈也具黑斑

b.与繁殖期后同域分布的"典型"的里海银鸥相比，翼尖黑色多而灰色少，P10腹面内翈的白色较少（详见里海银鸥）。结合形态、威吓行为暂定为蒙古银鸥（西部种群）

㉗ 成鸟基本羽前换羽与黑尾鸥（上、下）/辽宁－5月/章麟

蒙古银鸥繁殖种群。换羽较早，很多个体的P1、P2新羽已长出。右侧个体的P3已脱落，左侧个体的P4未脱落。翼尖黑色均延至P5且在P5为完整的黑带。与西部种群相比，外侧初级飞羽内翈的灰色可能较少，更似指名亚种而非里海银鸥

鸥科 Laridae /
鸥亚科 Larinae

里海银鸥

Caspian Gull

Larus cachinnans

- 体长 56—68厘米
- 翼展 137—145厘米
- 体重 680—1500克
- 受胁等级 无危(LC)

外观

大型鸥，四年型。上体浅灰色似织女银鸥。成鸟腿黄色或带粉色，基本羽头颈部较白，仅具少量灰褐色纵纹而有别于织女银鸥。甚似蒙古银鸥，仅头、颈和喙较细长，成鸟上体灰度值4—6.5，比蒙古银鸥略淡。

习性

似织女银鸥等大型鸥。具"信天翁"式威吓鸣叫行为。

分类与分布

单型种。繁殖于中亚至欧洲，越冬于南亚至中东、欧洲。繁殖区东端位于与草原银鸥、蒙古银鸥的搭接地带，该地带种群需要更多研究。繁殖于该地带以西的个体在此称为"典型"个体，在迁徙期偶见于新疆，是否繁殖于新疆不明，可能少量越冬于新疆。蒙古银鸥曾作为该种的亚种，中国东部的里海银鸥记录基本均为蒙古银鸥。

参考文献：35、36。

① 第一换羽周期
/芬兰－8月/Tom
Lindroos
　a."典型"个体
整体轮廓修长。
头小，颈细长，
喙细长且上下缘
近乎平行，喙底
角不发达。腿长
　b.大部仍着幼
羽，肩背部少量
新羽已长出

② 第一换羽周期/芬兰—11月/Tom Lindroos
头颈至下体及肩背部换羽后显白，褐色较少，似蒙古银鸥，但通常在换羽后期翼覆羽褐色仍较显著

③ 第一换羽周期/德国—11月/Andreas Buchheim
似蒙古银鸥。尾羽基部较白，深色的次端带较窄；内侧初级飞羽颜色较外侧初级飞羽浅，形成"翅窗"

① 第二换羽周期/波兰—5月/Andreas Buchheim
a.似第一换羽周期，下翼面、尾下覆羽等褐色较少；喙基部颜色变浅；
b.已开始更替内侧两枚初级飞羽，进入第二换羽周期

⑤ 第二换羽周期/德国－10月/Andreas Buchheim
a.喙端颜色变浅；肩背部、翼覆羽等比第一换羽周期更多纯灰色
b.初级飞羽已更替，端部圆钝，不再似幼羽的端部尖

⑥ 第二换羽周期/德国－11月
/Andreas Buchheim
P10具白色翼镜，有别于幼羽的P10

⑦ 第三换羽周期/波兰－5月/
Andreas Buchheim
a.整体着第二替换羽，颈部白，无褐色纵纹。但已开始更替内侧两枚初级飞羽，进入第三换羽周期
b.喙的色彩均变得鲜亮

⑧ 第三换羽周期/德国－11月
/Andreas Buchheim
上体的灰色更纯而接近成鸟。部分羽毛仍具细密的褐色斑。初级飞羽黑色且具显著的白色端部而似成鸟

⑨ 第三换羽周期/德国—11月/Andreas Buchheim

a.P10、P9均具白色翼镜，P10接近生长完全

b.整体似成鸟，仅翼覆羽仍具少量褐色

⑩ 第四换羽周期/德国—11月/Andreas Buchheim

a.似成鸟基本羽，如接近生长完全的P10具较大的白色翼镜，与白色的端部几乎相连

b.上体灰色中仅间杂少量褐色，另外喙的色彩较暗淡

似图⑪成鸟

黑色较少

⑪ 成鸟基本羽/德国—10月/Andreas Buchheim

a.换羽较早，P10已接近生长完全。颈部基本无褐色纵纹，似替换羽。"典型"个体中很多P10较大的白色翼镜与白色端部完全相连，其腹面内翈的白色也多，与翼镜之间间隔的黑色较少

b.上翼面外侧初级飞羽的内翈灰色向翼端延伸较多

c.腿、脚黄色而得其旧名如"黄脚银鸥""黄腿银鸥"等，但并非所有个体均为黄色

⑫ 成鸟/新疆—1月/夏咏

a.东部种群翼尖黑色较多。如P10的白色翼镜与白色翼端之间间隔有较宽的黑色次端带，而其腹面内翈的白色也较少

b.越冬个体。"信天翁"式威吓有别于其他相似的大型鸥。需注意的是，该威吓动作是一个连贯的过程。照片中所展示的也可能是捕食时短暂出现的一个姿态，不排除草原银鸥与蒙古银鸥的可能

鸥科 Laridae /
鸥亚科 Larinae

灰背鸥

Slaty-backed Gull

Larus schistisagus

- 体长 55—67厘米
- 翼展 132—148厘米
- 体重 1050—1695克
- 受胁等级 无危(LC)

外观

大型鸥，四年型。体型与银鸥类相仿，腿粉色，胫部较银鸥类显短，站立时初级飞羽突出于尾后较少，喙略粗壮，整体显得敦实。成鸟上体深灰色，是我国有分布的鸥中灰色最深的（灰度值9.5—14）。仅乌灰银鸥的*heuglini*亚种（灰度值8—13）灰色可与之相近。

习性

大洋型鸥，仅活动于沿海地带。

分类与分布

单型种。繁殖于西伯利亚东部沿海、日本北部，越冬于繁殖区附近或以南。在我国主要越冬于北方沿海，少量于南方沿海。

① 第一换羽周期/日本—1月/陈学军

a.腿尤其是胫部显短。大部仍着幼羽，初级飞羽不如银鸥类黑，而是呈褐色（尽管在图中右侧个体与左侧个体初级飞羽的浅褐色比更显黑）

b.喙比银鸥类粗壮。右侧个体喙比左侧个体粗壮，整体体型也显粗壮

c.冰岛鸥*Larus glaucoides*的*thayeri*亚种在《鸥类识别手册》中称为泰氏鸥*Larus thayeri*。其羽色与灰背鸥极似，但体型较小。图中两只个体的个体差异使得左侧个体更似泰氏鸥，需结合其他特征判断

a.喙更粗壮，尤其是喙端更显膨大。初级飞羽突出于尾后较少
b.羽毛漂白褪色，大覆羽已基本失去褐色斑纹，飞羽更显褐色。但眼周的深色仍显著，"面相"显得凶恶

③ 第一换羽周期与织女银鸥（上）/日本-3月/陈学军
a.极度"漂白"的个体外观接近北极鸥，但喙基部不具北极鸥般明显的粉色，与深色的喙端反差不大。也似灰翅鸥等大型鸥的"漂白"个体，但眼周深色常保留，"面相"仍显凶恶。喙不及灰翅鸥粗壮
b.初级飞羽突出于尾后较少

④ 第一换羽周期（右下）与织女银鸥、蒙古银鸥、黑尾鸥等/江苏-12月/蔡抗援
灰背鸥整体比银鸥类粗壮，腹部饱满，飞行时重心偏后，而头颈则经常被衬托得显细小

⑤ 第一换羽周期/日本－3月/陈学军
a.喙基部颜色部分变浅，但仍不及北极鸥那般与深色喙端界线分明
b.尾羽的深色次端带宽。浅色的内侧初级飞羽形成"翅窗"

⑥ 第一换羽周期/江苏－12月/章麟
下翼面二级飞羽至内侧初级飞羽显白，与褐色的覆羽呈对比

⑦ 第二换羽周期/俄罗斯－8月/慕童
a.旧羽多已漂白褪色，而深褐色的新羽为第一替换羽
b.已进入第二换羽周期，可见内侧新的初级飞羽正在生长

⑧ 第二换羽周期（中偏右）与第一换羽周期/日本-3月/陈学军
a.第二换羽周期外观似第一换羽周期，但肩背部尤其是翼覆羽换上更多灰色的羽毛。虹膜颜色变浅
b.初级飞羽端部较圆，而周围的第一换羽周期个体的初级飞羽为幼羽，端部较尖

⑨ 第二换羽周期（中）与第一换羽周期/日本-3月/陈学军
a.第二换羽周期与图⑧为同一个体。初级飞羽图纹似幼羽或第一换羽周期，但最内侧两至三枚偏灰色且端部白色面积较大而更似成鸟，可能在其生长过程中该个体激素水平较高
b.下翼面褐色已较少，尾羽仍具或宽或窄的深色次端带，与偏白的尾上覆羽对比强烈。注意其与黑尾鸥形态上的差异

⑩ 第二换羽周期/日本-3月/陈学军
有些个体的P10会具白色翼镜。同样注意该个体的P1、P2偏灰色且端部白色面积较大

⑪ 第三换羽周期与第二换羽周期（右）/日本－1月/陈学军

a.第三换羽周期外观愈发接近成鸟。上体灰色更多，通常也较第二换羽周期的灰色更深。外侧初级飞羽以黑色而非褐色为主

b.P7—P5除了端部具白色，内翈的灰色其端部也具白色，形成"一串珍珠"。左上个体喙基部粉色似第二换羽周期，下方个体喙基部则已呈现淡黄色而更接近成鸟

P7

P6

P5

⑪

亚成鸟

⑫

⑫ 第三换羽周期与第二换羽周期（背景）/日本－1月/陈学军

a.该个体外观更近成鸟。P10、P9均具白色翼镜

b."一串珍珠"仍然不太显著，延伸至P7

⑬ 第四换羽周期/日本－3月/陈学军
a.尾羽全白似成鸟，仅个别羽毛具少量黑斑。翼已无褐色，翼至肩背部深灰色
b.该个体外侧初级飞羽仍较似第三换羽周期，P10翼镜较小，P9无翼镜，但"一串珍珠"已相当显著。有些个体则更似成鸟，与成鸟羽色基本一致

⑭ 成鸟替换羽前换羽/日本－3月/陈学军
"一串珍珠"显著，延伸至P8。白色翼镜面积大，尤其在P10几乎与端部白色相连

一串珍珠

⑬

⑭

基本羽

替换羽

⑮

⑮ 成鸟、亚成鸟与黑尾鸥/日本－1月/陈学军
a.前景中的成鸟头颈仅具少量褐色纹，已近替换羽。背景中的成鸟则仍着基本羽，P10白色翼镜面积较图⑬中个体更大
b.上体灰色与黑尾鸥成鸟相似

乌灰银鸥

Heuglin's Gull

Larus fuscus

· 体长 53—70厘米
· 翼展 126—158厘米
· 体重 680—1360克 （仅含*heuglini*与*barabensis*亚种）
· 受胁等级 无危(LC)

外观

大型鸥，四年型。整体轮廓似其他银鸥，比灰背鸥修长。成鸟上体深灰色似灰背鸥。

习性

似织女银鸥等。不具里海银鸥般的"信天翁"式威吓鸣叫行为。

分类与分布

五个亚种。我国无分布的三个亚种成鸟上体灰度值为8—17，最暗者（指名亚种，灰度值13—17）接近黑色，称为"小黑背银鸥"。*heuglini*亚种灰度值8—13，在《中国鸟类名录7.0》及之前若干个版本中为独立物种，称为"乌灰银鸥"。*barabensis*亚种灰度值7—8.5，与*heuglini*亚种、里海银鸥亲缘关系较近，称为"草原银鸥"（有著者将其列为里海银鸥的亚种）。*heuglini*亚种繁殖于西伯利亚泰梅尔半岛以西至科拉半岛，*barabensis*亚种繁殖于西伯利亚西南部至哈萨克斯坦北部的草原地带。两者主要越冬于亚洲西南部。*heuglini*亚种少量越冬于国内，*barabensis*亚种迁徙时可能偶见于新疆，也可能有少量越冬。*heuglini*亚种中繁殖于泰梅尔半岛的种群位于与织女银鸥的搭接地带，分类地位有争议，称为"泰梅尔银鸥*Larus (fuscus/heuglini) taimyrensis*甚或*Larus taimyrensis*"，其主要越冬于东亚沿海，在中国华南沿海常见。

参考文献：37、38。

备注：以下照片如未标明，所称"乌灰银鸥"均包含*heuglini*亚种、泰梅尔银鸥。

外观似里海银鸥幼羽，三级飞羽羽缘浅色较窄。但换羽较晚，1月仍大部着幼羽，肩背部仅更替了少量新羽

①

②

② 第一换羽周期与成鸟（右）/上海－1月/陈学军

a.第一换羽周期与图①为同一个体。尾羽的深色次端带很宽，外侧大覆羽大部为暗褐色。内侧初级飞羽比外侧的褐色略浅，形成的"翅窗"不如里海．织女等银鸥类显著

b.成鸟头颈部暗色纵纹已较少，身体后部显细长，似heuglini亚种，但上体灰色不够深，为泰梅尔银鸥。泰梅尔银鸥成鸟上体灰度值为6—9，与织女银鸥相仿，基本羽头颈部纵纹通常少于织女银鸥

c.第一换羽周期体型比成鸟更壮实，翅窗略显著，可能也为泰梅尔银鸥

101

③ 幼羽/新疆—7月/李晶

a.该区域紧邻蒙古国的蒙古银鸥繁殖地，距草原银鸥与里海银鸥的搭接地带也不远，繁殖后期基本羽前换羽的蒙古银鸥、草原银鸥、里海银鸥成鸟均可见。该地的幼羽个体可能来自三者中某一种的繁殖群，也可能兼具某两种的特征

b.与图②第一换羽周期个体相似，尾羽的深色次端带很宽，外侧大覆羽大部为暗褐色。"翅窗"则更不显著。下翼面覆羽和腋羽褐色也较深。上述特征有别于蒙古银鸥。而外侧大覆羽大部为暗褐色虽似"典型"的里海银鸥但其他特征更近乌灰银鸥heuglini亚种。结合出现时间判断其可能为草原银鸥

c.虽然整体暗褐色，但注意光照可令其观感有较大个体差异

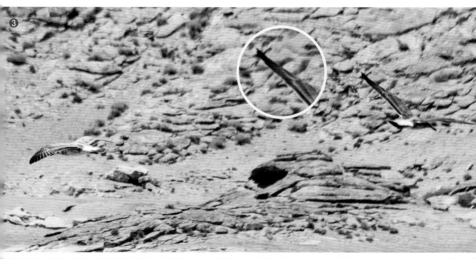

④ 第一换羽周期/上海—12月/陈学军

a.乌灰银鸥。与图③草原银鸥外观极相似

b.最好以换羽时间区分两者。草原银鸥换羽较早，而图中个体仍基本着幼羽

⑤ 第一换羽周期与织女银鸥/上海—1月/陈学军

乌灰银鸥翼覆羽褐色较多，肩背部的新羽灰色部分较深而似成鸟。换羽范围较大，除了肩背部，部分翼覆羽也会更替

⑥ 第二换羽周期／上海—2月／陈学军
　a.乌灰银鸥。似第一换羽周期，如尾羽深色次端带较宽，上翼面主要为褐色。初级飞羽端部圆钝，有别于端部较尖的幼羽
　b.肩背部灰色较纯，尾上覆羽白色，喙具黄色，虹膜也比第一换羽周期色浅

⑦ 第二换羽周期／上海—4月／陈学军
　a.乌灰银鸥比织女银鸥等羽色发展快，特别快的如图中个体上体已基本为灰色，仅余少量褐色。有些个体尾羽仍具深色次端带而该个体尾已基本全白
　b.喙基部黄色，有别于第一换羽周期。腿仍基本为似第一换羽周期的粉色，但已出现少量黄色。外侧初级飞羽端部不具明显的白点而似第一换羽周期

⑧ 第二换羽周期／上海—4月／陈学军
与图⑦为同一个体。飞羽主要为褐色，似第一换羽周期。下翼面具少量褐色

⑨ 第三换羽周期与蒙古银鸥（左）/上海－12月/陈学军
a.上体灰色纯，似成鸟，比蒙古银鸥的灰色深。基本羽的蒙古银鸥头颈部深色纵纹
细且少。蒙古银鸥东部种群腿偏粉色，尤其在非繁殖期更不如乌灰银鸥显黄
b.正在生长的内侧初级飞羽端部具明显白色而似成鸟，有别于第二、第一换羽周期

⑩ 第三换羽周期/上海－12月/陈学军
a.与图⑨为同一个体。内侧初级飞羽已更替为似成鸟的新羽，但其覆
羽仍有较多褐色
b.褐色为主而似第二换羽周期的二级飞羽也在逐渐脱落
c.该个体喙、腿的色彩非常鲜明。待上述换羽完成后，外观极似成鸟

⑪ 第三换羽周期与蒙古银鸥（右）/上海－3月/陈学军
a.乌灰银鸥。外观似图⑩个体，但飞羽换羽已完成，二级飞羽端部白色宽阔，P10具白色翼镜但较成鸟的小
b.尾羽仍具少量黑色

⑫ 第四换羽周期/上海－3月/陈学军
a.达成鸟羽色。仅喙前部较大的黑斑、翼覆羽具少量褐色和P10白色翼镜较小（左侧P9也有不明显的翼镜）表明其可能为第四换羽周期
b.初级飞羽黑色较多，至P4仍具完整的黑色次端带，且其与内翈的灰色间的白色不显著，可能为heuglini亚种

⑬ 成鸟基本羽前换羽/上海－2月/陈学军
a.泰梅尔银鸥。体大，上体灰色浅于heuglini亚种，外观极似织女银鸥，有些个体难以与织女银鸥区分。但通常头颈部纵纹仅限于后部而不至前胸。腿的黄色通常较鲜明，但有些个体近粉色而似织女银鸥
b.换羽较织女银鸥、蒙古银鸥晚，外侧新的初级飞羽还未显露，使得身体后部轮廓显短而似灰背鸥

⑭ 成鸟基本羽/上海－2月/陈学军

heuglini 亚种。基本羽中头颈部褐色纵纹不如泰梅尔银鸥显著。其与草原银鸥体态较泰梅尔银鸥纤细。草原银鸥基本羽则头颈几乎全白而似里海银鸥与蒙古银鸥（见里海银鸥部分图⑫）

⑮ 成鸟基本羽/上海－2月/陈学军

与图⑭为同一个体。亚种判断似第四换羽周期（图⑫）

⑯ 成鸟替换羽前换羽/上海－4月/陈学军

a.泰梅尔银鸥。除上体灰色浅于 *heuglini* 亚种外，翼尖黑色通常比 *heuglini* 亚种少，P9具白色翼镜的个体比例较高，P4不具黑色次端带，有些个体P6、P7的黑色次端带与内翈的灰色间的白色更显著而更似织女银鸥

b.头颈部已开始替换羽前换羽，较此时的很多织女银鸥显得干净

⑰ 成鸟基本羽前换羽/俄罗斯－7月/Ilya Ukolov
*cuglini*亚种，泰梅尔半岛以西的种群。外侧初级
飞羽端部的白色已磨损

⑱ 成鸟基本羽前换羽/俄罗斯－7月/Ilya Ukolov
与图⑰为同一个体。P1与P2已基本长成，P3刚刚
可见。仅P10具白色翼镜，似上页图⑮，但P4不
具黑色次端带

新羽 　旧羽

⑲ 泰梅尔银鸥/陈学军
图中两只成鸟标本（标本号：IOZ-22410、IOZ-22411）采集于1924年12月的
上海，现存于中国科学院动物研究所国家动物标本资源库。标本IOZ 22411原
始标签（左侧）记载为银鸥*Larus argentatus*的*vegae*亚种，也就是织女银鸥。
其上体灰度值、头颈部深色纵纹、初级飞羽图纹等特征较符合命名于1911年
的泰梅尔银鸥

白额燕鸥/河北－5月/刘勤

Sterninae

　　燕鸥类腿较短，不擅行走，较鸥类更少凫于水中；尾常明显开叉似燕，因而得名燕鸥；翼狭长，飞行较轻盈，极少像鸥类那样翱翔。燕鸥类的飞羽上有一层呈浅色的结构，飞羽随着磨损颜色会变深（玄燕鸥除外）。大部分种类，尤其是具非常长的外侧尾羽的种类，一年中会进行两次尾羽更替——在基本羽中外侧尾羽比在替换羽中的短，带来尾部外形上的差异。某些种类或种群在更替初级飞羽时，内侧更替数枚后暂停（*suspended moult*），开始继续更替外侧数枚时，最内侧的又开始进行下一轮更替，而最外侧的则可能延迟换羽（*arrested moult*）。因而有时翼上可见两代、二代甚至四代新旧不同的初级飞羽。因此对未成年个体从外观上进行年龄判断非常困难。

鸥科 Laridae /
燕鸥亚科 Sterninae

鸥嘴噪鸥

Gull-billed Tern

Gelochelidon nilotica

- 体长 33—43厘米
- 翼展 76—103厘米
- 体重 130—326克（*affinis*亚种240克）
- 受胁等级 无危(LC)

外观

中大型燕鸥，上体浅灰色，尾叉较浅。喙较其他中小型燕鸥短粗而似鸥类，但腿短于鸥类而具燕鸥类典型的平趴站姿。

习性

取食时常轻掠水面或泥地捕食甲壳类等。不像其他燕鸥般由空中俯冲入水。食性较杂，包括雀形目等鸟类，比其他燕鸥较少依赖于鱼类。

分类与分布

五个亚种。其中指名亚种繁殖于欧洲至中亚，越冬于非洲至印度洋；*affinis*亚种（含*addenda*亚种）繁殖于西伯利亚东南部至中国东部，越冬至澳大利亚。中国繁殖于新疆北部、内蒙古、陕西至北部和东部沿海，少量越冬于南方沿海（可能主要为*affinis*亚种）。原*macrotarsa*亚种主要分布于澳大利亚，独立为澳大利亚鸥嘴噪鸥 *Gelochelidon macrotarsa*。

参考文献：47。

① 幼羽/江苏－7月/章麟
a.喙短粗，尾较短，轮廓似鸥类
b.上体多褐色；注意与幼羽的鸥类区别为尾羽基本全白，无深色次端带

喙形似鸥

② 幼羽与普通燕鸥幼羽（上）/江苏－7月/章麟
a.普通燕鸥幼羽尾叉更深；在成鸟具更延长的外侧尾羽时则尾叉更深
b.普通燕鸥喙较细

③ 幼羽/江苏—7月/章麟
a.腹面观。尾羽浅开叉，有别于大部分鸥类
b.喙基部多红色，可能与红嘴鸥等混淆。注意其飞羽为灰色，尾无深色次端带

❸

❹

④ 第一换羽周期/上海—8月/胡振宏
a.喙基部红色基本消失，外观似成鸟基本羽，如眼后具黑眼线
b.幼羽的飞羽为新羽，无甚磨损，外观统一

⑤ 基本羽/印度尼西亚－1月/李一凡

a.上体浅灰色

b.澳大利亚鸥嘴噪鸥主要分布于澳大利亚，可游荡至印度尼西亚等地。除体型、喙形有异外，基本羽的头部黑色较多，有些甚至接近替换羽的黑色顶冠。而鸥嘴噪鸥*affinis*亚种则头较白，黑色仅于眼后

⑥ 成鸟替换羽/辽宁－6月/张明

a.顶冠黑色

b.外侧几枚初级飞羽基部灰色与上体反差不大，端部随着磨损灰色加深。内侧初级飞羽在替换羽前换羽中更替为新羽，其浅灰色与外侧初级飞羽的深灰色呈对比

⑦ 成鸟替换羽/辽宁－6月/张明
外侧初级飞羽在越冬地完成更替，磨损还不严重，与内侧初级飞羽对比不强烈

❼

❽

⑧ 成鸟替换羽/新疆　7月/张国强
a.整体灰色较浅，常看上去呈白色
b.比其他燕鸥更少捕食鱼类。图中猎获物为某种蜥蜴

⑨ 成鸟替换羽／新疆　5月／夏咏

　a.据繁殖范围推测为指名亚种。其尾部、尾上覆羽较*affinis*亚种偏灰色，与上
体对比不明显。但该特征受光线影响很难判断。两者主要区别在于体型

　b.受光线影响，飞羽灰色显得较深

⑩ 成鸟基本羽前换羽／江苏－9月／钟悦陶

　a.在泥滩表面低飞捕食蟹类

　b.最外侧初级飞羽很旧，为上一次基本羽前换羽所
更替。中间几枚略旧，为替换羽前换羽时更替。更
替初级飞羽，并已暂停，一般会在抵达越冬地后继
续向外更替初级飞羽。黑色的顶冠正逐渐褪去

⑪ 第一换羽周期（右）、成鸟与黑尾塍鹬（背景）/上海－8月/胡振宏
　a.尾较短，腿较长，站立时似鸥类
　b.第一换羽周期个体仍具较多幼羽，其初级飞羽、三级飞羽与成鸟有异

⑫ 成鸟替换羽与亚成鸟（左）/辽宁－8月/张明
　a.据繁殖范围推测为*affinis*亚种。其尾部、尾上覆羽较偏白色，与浅灰色的上体呈对比
　b.左侧个体头部特征似基本羽，飞羽、尾羽等均在明显更替

⑬ 亚成鸟/江苏－6月/章麟
　a.该个体繁殖期出现在繁殖地，但头部特征仍似基本羽，应为不参与繁殖的个体
　b.P10非常旧。在上一轮的飞羽换羽中，初级飞羽仅更替到P9就停止了。新一轮初级飞羽更替则从内侧重新开始，可见P1为新羽

115

⑭ 基本羽前换羽与黑嘴鸥、白额燕鸥及小型鸻鹬/江苏－9月/章麟

a.休憩于地面时常难以与黑嘴鸥区分（黑嘴鸥灰度值为3—5，鸥嘴噪鸥为3—4）。若腿部可见，注意其腿部短于黑嘴鸥。若喙可见，其喙较尖。若喙、腿均不可见，其翼较长。若白色的胸部朝向观察者，则建议绕行至侧面以便于观察上述细节

b.白额燕鸥整体以较浅的灰白色为主而似鸥嘴噪鸥、黑嘴鸥，但体型与小型鸻鹬类相仿

鸥科 Laridae /
燕鸥亚科 Sterninae

红嘴巨鸥

Caspian Tern

Hydroprogne caspia

- 体长 47—54厘米
- 翼展 127—140厘米
- 体重 530—782克
- 受胁等级 无危(LC)

外观

大型燕鸥，尾叉较浅。喙极粗壮，红色，尖端大部黑色。各羽色均具黑色的顶冠。

习性

喜栖息于各种咸、淡水开阔水域。俯冲入水捕鱼。

分类与分布

单型种。中国繁殖于中东部的内陆和沿海，越冬于南方；过境时也见于西北。国外分布于除南极洲以外的各大洲。

① 幼羽、成鸟（左）与红嘴鸥（前景）/新疆－8月/李韬
a.外形更似鸥。但橙红色的喙较尖
b.幼羽的初级飞羽为新羽，呈浅灰色。而成鸟的初级飞羽已磨损，近黑色。两者喙的长度、色彩也有差异

② 第一换羽周期与成鸟基本羽前换羽（右）/江苏－10月/胡振宏
a.尾叉较浅而似鸥嘴噪鸥
b.第一换羽周期个体上体的幼羽已更替，不再具有褐色斑纹。其与成鸟外侧初级飞羽色彩的差异仍可见

③ 第一换羽周期/海南－1月/邱垂坚
a.构形羽前换羽为完全换羽，内侧新的初级飞羽已在生长；二级飞羽色深
b.觅食时厚重的喙斜向下；该个体喙仍偏橙色
c.下翼面初级飞羽近黑而与其余白色部分呈对比，有别于其他体羽以浅灰白色为主的燕鸥

④ 成鸟替换羽与普通燕鸥（右）/新疆－7月/张国强
喙端黑色基本消失，仅剩尖端极小的黄色

⑤ 第二换羽周期与鸥嘴噪鸥、普通燕鸥、白额燕
鸥（依体型由大到小）等/广东－4月/陈创彬

a.体型远大于其他体羽以浅灰白色为主的燕鸥

b.有些个体替换羽顶冠黑色中间杂白色

普通燕鸥

鸥嘴噪鸥

鸥嘴噪鸥

白额燕鸥

中华凤头燕鸥

⑥ 成鸟基本羽与中华凤头燕鸥、红嘴鸥、黑嘴鸥等/广东－12月/何韬

a.顶冠黑色缩至后部并间有白色

b.喙红色而端部黑色，上体浅灰色而下体白色，可能与中华凤头燕鸥、红嘴鸥混淆，但注意其喙较后两者粗厚

⑦ 第一换羽周期、成鸟或第二替换羽与鸥嘴噪鸥、普通燕鸥/广东－4月/陈创彬

a.第一换羽周期个体尾羽深色较明显，幼羽的初级飞羽仅剩最外侧几枚，与内侧已更替的新羽呈对比

b.成鸟或第二替换羽的顶冠黑色更纯。其中一些个体最外侧初级飞羽未完全长出，可能为第二换羽周期

c.注意下翼面初级飞羽黑色与鸥嘴噪鸥、普通燕鸥的区别。另外普通燕鸥体羽灰色较重，替换羽时下体大部变灰色

普通燕鸥

鸥科 Laridae /
燕鸥亚科 Sterninae

大凤头燕鸥

Greater Crested Tern
Thalasseus bergii

- 体长 43—53厘米
- 翼展 100—130厘米
- 体重 320—400克
- 受胁等级 无危(LC)

① 幼羽/广东—9月/郑康华
头部黑色羽冠不完整，似红嘴巨鸥幼羽，但喙不及红嘴巨鸥粗厚且偏淡黄色

🦅 外观

　　中大型燕鸥，尾叉深。上体灰色较深。绿黄色的喙较粗而长。各羽色均具黑色的顶冠，成鸟繁殖期冠羽延长。

🖋 习性

　　常停歇于海滩、近海礁岩或各种漂浮物上，也常飞至远海洋面活动。集群繁殖于无人岛屿。

📍 分类与分布

　　四个（或更多）亚种，主要分布于印度洋、太平洋热带海域。其中*cristatus*亚种分布于中国以南至东南亚及大洋洲，在中国繁殖于华南和东南沿海，以及台湾岛、海南岛的小岛屿，繁殖后部分南迁，也常见于南海。

② 第一换羽周期/澳大利亚—1月/李晶
a.顶冠黑色延展至枕部而似成鸟基本羽。背羽、肩羽已替换为灰色的新羽。翼覆羽因日晒磨损而发白
b.尾叉较深

③ 第一换羽周期/澳大利亚－1月/李晶
内侧初级飞羽在更替。P10、P9为较旧的
幼羽

④ 成鸟替换羽/浙江－7月/冯江
顶冠黑色在枕部向后延伸呈"凤
头"。上体灰色较深

⑤ 成鸟基本羽前换羽与中华凤头燕鸥（右）/浙江－7月/冯江
a.体型较中华凤头燕鸥大，上体灰色更深
b.已开始基本羽前换羽，顶冠前部会如图中中华凤头燕鸥般逐
渐变白

⑥ 成鸟基本羽前换羽/福建－8月/张永
环志于马祖的成鸟。内侧二级飞羽、外
侧初级飞羽与外侧尾羽因磨损而显色深

123

鸥科 Laridae /
燕鸥亚科 Sterninae

小凤头燕鸥

Lesser Crested Tern
Thalasseus bengalensis

· 体长 35—43厘米
· 翼展 88—105厘米
· 体重 184—316克
· 受胁等级 无危(LC)

① 幼羽与成鸟（*torresii*亚种）/澳大利亚－1月/章麟
a.肩背部羽毛灰褐色较均匀，显得比大凤头燕鸥幼羽平淡。喙不如成鸟橙色浓重但已比大凤头燕鸥偏橙色
b.飞羽还未生长完全

外观

中大型燕鸥，似大凤头燕鸥但上体灰色较浅，喙橙色。

习性

似大凤头燕鸥，常与之混群。

分类与分布

一般认为有三个亚种。其中指名亚种（或*torresii*亚种）在中国偶见于沿海各地，在南沙群岛较常见。近年来发现少量繁殖于东南沿海，数量远远低于大凤头燕鸥等。各亚种外观、遗传差异较小，或可认为其为单型种，国外分布于南欧、北非、印度洋至澳大利亚及邻近海域。

参考文献：48。

② 幼羽（*torresii*亚种）/澳大利亚－1月/李晶
内外侧初级飞羽均较新，反差不大

③ 成鸟基本羽前换羽（*torresii*亚种）/澳大利亚－1月/李晶
a.内侧新的初级飞羽与外侧旧羽反差明显
b.年龄不详

④ 成鸟与大凤头燕鸥/福建－6月/郑康华
a.喙较大凤头燕鸥细，体型略小
b.上体灰色较大凤头燕鸥浅，替换羽中冠
羽黑色延伸至上喙基部

⑤ 成鸟与大凤头燕鸥/福建－7月/江航东
体型小于大凤头燕鸥，颈部较细

⑥ 成鸟与大凤头燕鸥（中）、中华
凤头燕鸥（右）/福建－7月/江航东
上体灰色比大凤头燕鸥的深，但比
中华凤头燕鸥的浅

鸥科 Laridae /
燕鸥亚科 Sterninae

中华凤头燕鸥

Chinese Crested Tern
Thalasseus bernsteini

- 体长　38—43厘米
- 翼展　94厘米
- 体重　240—320克
- 受胁等级　极危(CR)

外观

中大型燕鸥，似大凤头燕鸥但上体灰色极浅，喙黄色且近尖端黑色。

习性

似大凤头燕鸥，常与之混群。北方繁殖种群混群于黑尾鸥等。

分类与分布

单型种。中国少量繁殖于东南沿海的小岛屿，迁徙或越冬于南海。国外近年发现繁殖于朝鲜半岛沿海岛屿。中国北方沿海一些地点尤其是青岛、日照是否为朝鲜半岛、中国南方繁殖群体在前往越冬地之前的换羽地有待研究。

参考文献：49、50。

① 幼羽、成鸟与黑嘴鸥、斑尾塍鹬、大滨鹬（背景）等/江苏－8月/张笑磊

a.幼羽上体深色的斑纹似大凤头燕鸥幼羽，但喙端已具黑色而似成鸟，因而得其另一中文名"黑嘴端凤头燕鸥"

b.体型与黑嘴鸥相仿，上体灰色略浅

c.成鸟在进行基本羽前换羽，冠羽黑色仅于眼后。初级飞羽的灰色较幼羽的深。喙端具一黄色小点而似红嘴巨鸥，但喙整体橙黄色且不似红嘴巨鸥般粗壮

黑尾鸥

② 幼羽、成鸟与黑嘴鸥、黑尾鸥等/江苏-8月/张笑磊
上体灰色略浅于黑嘴鸥而远浅于黑尾鸥

③ 成鸟基本羽前换羽与大凤头燕鸥（背景）/浙江－7月/赵锷
a.上体灰色浅于大凤头燕鸥
b.背负卫星跟踪器
c.常与白额燕鸥混淆。注意其体型大很多，黑色顶冠后部具"凤头"

④ 成鸟基本羽前换羽与黑腹滨鹬（左）/山东－9月/盖东滨
来自于浙江繁殖种群的环志个体。可能于繁殖结束后北迁至江
苏、山东等地进行部分或完全换羽后再南迁至越冬地

⑤ 成鸟替换羽/福建－4月/郑航
替换羽黑色顶冠似小凤头燕鸥般
延伸至上喙基部

鸥科 Laridae /
燕鸥亚科 Sterninae

白嘴端凤头燕鸥

Sandwich Tern
Thalasseus sandvicensis

- 体长 34—43厘米
- 翼展 85—97厘米
- 体重 130—291克
- 受胁等级 无危(LC)

外观

中大型燕鸥，似大凤头燕鸥但上体灰色较浅，喙黑色且尖端黄白色。喙形比鸥嘴噪鸥细长且尾叉较深，而上体灰色则较普通燕鸥淡。尾较黑枕燕鸥、粉红燕鸥等短而头颈至喙较粗长，身体重心偏前。

习性

似其他凤头燕鸥。在我国混群于其他燕鸥并有繁殖尝试。

分类与分布

单型种。中国有迷鸟记录于台湾、浙江、广东等。国外繁殖于欧洲至里海，越冬于欧洲、非洲至南亚等。曾置于其下的*T.acuflavidus*包含两个亚种，其中指名亚种外观与该种相似，主要分布于北美东南部，出现于中国的可能性较低。

参考文献：51、52。

① 第一换羽周期/英国—8月/Colin Bradshaw
a.大部分个体喙近黑色，端部浅色不明显
b.上体部分仍为幼羽的羽毛其深色"V"字形斑较*T.acuflavidus*显著而更似大凤头燕鸥幼羽。*T.acuflavidus*幼羽的三级飞羽中央为连贯的深色，不具细密的斑纹而似大凤头燕鸥幼羽

② 第一换羽周期/科威特—4月/Tom Lindroos
a.喙端浅色仍不及成鸟的显著
b.幼羽后进行一次完全换羽，内侧初级飞羽、外侧二级飞羽、内侧尾羽等已更替为新羽

③ 成鸟基本羽前换羽/英国—7月/Colin Bradshaw
替换羽顶冠黑色。开始换羽后前额逐渐变白，黑色的羽冠杂有白斑

④ 成鸟替换羽/英国—7月/Colin Bradshaw
尾叉较图②未成年个体深，但身体重心仍偏前

⑤ 成鸟替换羽/浙江—5月/范忠勇

模型

T.a.acuflavidus/美国－7月/曹叶源　　白嘴端凤头燕鸥/浙江－5月/洪崇航

*T.a.acuflavidus*体型略小，喙略短而喙基略厚

大凤头燕鸥

模型

模型

模型

⑥

⑥ 成鸟替换羽与大凤头燕鸥替换羽/
浙江－5月/洪崇航

a.体型较大凤头燕鸥小，喙细。上体
灰色较浅。顶冠的黑色延至上喙基部

b.外侧初级飞羽末端、内翈的羽缘浅
色较宽而有别于*T.a.acuflavidus*。但需
注意当羽毛磨损后羽缘会变窄，该特
征仅在羽毛较新时可用

c.国外有记录与小凤头燕鸥杂交。国
内与小凤头燕鸥一同见于大凤头燕
鸥、中华凤头燕鸥的繁殖群中

鸥科 Laridae /
燕鸥亚科 Sterninae

白额燕鸥

Little Tern

Sternula albifrons

- 体长 21—28厘米
- 翼展 41—55厘米
- 体重 42—65克
- 受胁等级 无危(LC)

🦅 外观

　　中国体型最小的燕鸥。细小的喙在繁殖期黄色而尖端黑色。不具凤头且额至眼上方白色。尾叉较深但尾长中等，飞行时身体重心偏前而似白嘴端凤头燕鸥。

🪶 习性

　　振翼快速，捕食时快速扎入水中又迅速飞起。

📍 分类与分布

　　三至六个亚种，分布于欧洲、非洲、亚洲至澳大利亚。按三个亚种处理时，在中国指名亚种繁殖于新疆，而*sinensis*亚种繁殖于从东北至西南、华南的大部分省区，部分为留鸟或越冬于南方。

① 第　换羽周期/新疆　7月/章麟
a.身体大部仍着幼羽
b.尾叉不深而似浮鸥类，注意其体型、振翅动作等与浮鸥类的差异

② 第一换羽周期/海南－8月/焦庆利
a.与图①相比，P10已生长至完整长度（轮廓上似成鸟基本羽），翼较浮鸥类更狭长
b.幼羽后进行一次完全换羽，上体很多具深色斑的幼羽已更替为灰色的新羽，内侧初级飞羽也已开始更替

③ 成鸟基本羽前换羽/江苏—8月/章麟
a.喙逐渐变黑，额部白色面积逐渐扩大
b.尾叉略深

❸

④ 成鸟替换羽/天津—5月/张永
a.顶冠黑色，仅额部少量白色延至眼上方
b.细长的喙橙黄色。尾较长，略短于折合的翼

❹

⑤ **成鸟替换羽/江苏　6月/章麟**

a.飞行时轮廓似白嘴端凤头燕鸥，尾叉深

b.有些个体喙端黑色不显著

c.外侧两枚初级飞羽色深，可能在上一轮的完全换羽中未更替（延迟换羽）。在该轮初级飞羽更替达到外侧几枚时又从最内侧开始了第二轮更替（南迁或越冬时），在前往繁殖地前又从最内侧开始了第三轮更替。因而初级飞羽呈现三代羽毛。在即将开始的完全换羽中初级飞羽又会从最内侧开始更替，在刚开始的一段时间内可见四代羽毛

⑥ **成鸟替换羽/河北－5月/刘勤**

初级飞羽同样呈现三代羽毛，但仅有最外侧一枚色深

138

⑦ 成鸟，指名亚种（依繁殖范围）/新疆—7月/章麟
最外侧一至三枚初级飞羽的羽轴在*sinensis*亚种中为白
色，而在指名亚种中为褐色。但该特征在野外很难判断

鸥科 Laridae /
燕鸥亚科 Sterninae

白腰燕鸥

Aleutian Tern
Onychoprion aleuticus

- 体长 32—38厘米
- 翼展 75—80厘米
- 体重 83—140克
- 受胁等级 易危(VU)

外观

中型燕鸥，似普通燕鸥但上体灰色较深，喙无红色。下翼面二级飞羽白色后缘之前具特征性深色带。替换羽前额白色而有别于普通燕鸥。

习性

迁徙时主要在海上，偶尔穿越陆地。叫声与普通燕鸥等有异。扑翅比普通燕鸥更深。

分类与分布

单型种。中国在东南部沿海有过境记录。国外繁殖于西伯利亚东部至阿拉斯加，越冬于南海周边的东南亚、印度尼西亚至巴布亚新几内亚、澳大利亚等海域。

参考文献：53。

② 幼羽/美国—7月/Martin Renner
a.尾叉不如成鸟深，因而也似浮鸥类
b.二级飞羽的深色带在幼羽已可见

③ 可能的第一换羽周期/泰国—5月/Jirayu Ekkul
a.未返回繁殖地的个体，年龄不详
b.似成鸟基本羽。上体灰度中等而似普通燕鸥，但喙基不如普通燕鸥厚因而喙显得略细。额至顶冠白色，仅枕部黑色且与眼连接较少，因而"面相"有些许似白玄鸥

④ 可能的第一换羽周期/泰国—7月/Jirayu Ekkul
a.下翼面二级飞羽的深色带较幼羽更显著。身体重心偏向胸部
b.未返回繁殖地的个体，年龄不详。腰至尾上覆羽浅灰色。正在更替初级飞羽

北极燕鸥

⑤ 成鸟替换羽与北极燕鸥*Sterna paradisaea*（背景）/美国－6月/Robin Corcoran
 a.顶冠与眼线黑色，额白延至眼上方而似白额燕鸥。胸腹部变灰色而似普通燕鸥、
北极燕鸥。尾羽延长但不似北极燕鸥般超过折合的翼
 b.在阿拉斯加与北极燕鸥同域繁殖，在西伯利亚则与普通燕鸥同域繁殖。喙基部不
如普通燕鸥、北极燕鸥厚

⑥ 成鸟替换羽/福建－8月/林剑声

a.大部仍着替换羽，可能已开始少量进行基本羽前换羽。尾叉深，胸腹部灰

b.下翼面二级飞羽的深色带仍显著

成鸟替换羽（左图与图⑥为同一个体）/福建－8月/林剑声

普通燕鸥（右）/江苏－6月/章麟

a.在身体比例上，尾、颈不如普通燕鸥长，翅比普通燕鸥宽，身体重心比普通燕鸥更偏向胸部

b.上体灰色中略带褐色

鸥科 Laridae /
燕鸥亚科 Sterninae

褐翅燕鸥

Bridled Tern

Onychoprion anaethetus

- 体长 30—42厘米
- 翼展 65—81厘米
- 体重 95—180克
- 受胁等级 无危(LC)

外观

中型燕鸥，上体的深褐色较乌燕鸥淡，尾叉深。下体白色、顶冠黑色而有别于白顶玄鸥等。

习性

多活动于外海。与黑枕燕鸥等混群繁殖。

分类与分布

四至六个亚种，国外广布于大西洋、印度洋和太平洋的热带海域。可以分为两个种组，指名亚种与*antarcticus*亚种在一个种组中。其中指名亚种分布于印度洋东部至太平洋西部，在中国为留鸟于南沙群岛，夏季繁殖于东南沿海岛屿；*antarcticus*亚种分布于印度洋西部，迷鸟记录于日本冲绳。

参考文献：54。

① 第一换羽周期/广东－7月/董江天
a.上体深褐色有别于大部分鸥、燕鸥
b.似幼羽、成鸟基本羽，但幼鸟、成鸟此时还未开始大范围换羽，内侧与外侧初级飞羽间没有该个体如此显著的新旧差异。另外，幼羽的翼覆羽等排列整齐，可具清晰的浅色羽缘

② 第一换羽周期/广东-7月/董江天

a.尾叉深。尾合拢时远距离可能与其他暗色的海鸟混淆，需注意飞行方式等的差异

b.P10—P8为旧羽，与内侧新更替的初级飞羽呈明显对比

③ 成鸟替换羽/海南-5月/杨川

a.*antarcticus*亚种比指名亚种上体色浅，体型略小，但这些特征在野外难以判断

b.该种组上体褐色较深，浅色颈环较不显著，尾羽的白色仅限于T6。T6的外翈全白的个体在*antarcticus*亚种中占比较大

④ 成鸟替换羽/澳大利亚-1月/李晶

a.初级飞羽腹面基部白色比乌燕鸥的多。与白腰燕鸥的差异在于翼后缘深色带不仅限于二级飞羽

b.该种组腹部的灰色较深，与胸至前颈的白色呈对比

⑤ 成鸟替换羽/广东-7月/董江天

a.尾羽尤其是外侧尾羽更长，远至翼后

b.上体尤其是背部不具明显的浅色羽缘，整体褐色较纯。顶冠、眼先也为纯黑色

145

鸥科 Laridae /
燕鸥亚科 Sterninae

乌燕鸥

Sooty Tern
Onychoprion fuscatus

- 体长 33—46厘米
- 翼展 72—94厘米
- 体重 120—240克
- 受胁等级 无危(LC)

外观

中型燕鸥，似褐翅燕鸥但体型略大，上体褐色更深，灰度值为16—17，接近黑色而得其名。成鸟前额白色不向眼后延伸为眉线而有别于褐翅燕鸥。

习性

大洋性燕鸥，栖于远离海岸的洋面及多沙岛礁上。除繁殖期外大部分时间在海上飞行，低飞于海面掠食，极少俯冲入水。

分类与分布

六至八个亚种，广布于大西洋、印度洋和太平洋的热带海域。其中nubilosus亚种分布于印度洋、东南亚至琉球群岛，在中国繁殖于南沙群岛，偶见于东南沿海，尤其在台风后出现。分布于澳大利亚等地的serratus亚种（含kermadeci亚种）常与nubilosus亚种合并。

参考文献：55。

① 幼羽与成鸟/澳大利亚—1月/章麟
a.幼羽整体以深褐色为主，下体后部白色。上体羽端具白色
b.据繁殖范围为serratus亚种，但与nubilosus亚种外观差异不大

② 第一换羽周期/香港－8月/孔思义、黄亚萍

a.腋羽色暗。上下体褐色的幼羽已不具白色端部并逐渐被灰色的新羽替代

b.P1也在更替

c.离开繁殖地后在海上游荡数年才参与繁殖，游荡习性使得各亚种的有效性需更多研究，如新西兰环志的幼鸟在33年后被发现繁殖于塞舌尔群岛

③ 成鸟替换羽/澳大利亚－1月/章麟

a.尾叉深，但外侧尾羽比褐翅燕鸥短，翼略宽，重心偏前；体型大，飞行更沉重

b.眼先黑色较窄，而颈部白色则较宽

c.初级飞羽腹面深色。上体的褐色在强光下可能显得较浅

④ 成鸟基本羽前换羽/澳大利亚－1月/章麟

a.内侧正在长出的新的初级飞羽色浅而与外侧旧的初级飞羽呈对比

b.顶冠黑色、背部褐色在基本羽时可具白色羽缘。总体上与替换羽的差异不如褐翅燕鸥般显著

鸥科 Laridae /
燕鸥亚科 Sterninae

黄嘴河燕鸥

River Tern

Sterna aurantia

- 体长 37—46厘米
- 翼展 80—90厘米
- 体重 134—170克
- 受胁等级 易危(VU)

① 幼羽/云南—4月/沙永胜
a.喙橙黄色似成鸟
b.飞羽还未生长完全

外观

中型燕鸥。似普通燕鸥、黑腹燕鸥但黄色的喙更粗壮。喙仅在非繁殖期尖端变黑而有别于中华凤头燕鸥，且上体灰色较深，体型较小。

习性

栖于淡水水域，偶尔在沿海小型河口出现。生境与黑腹燕鸥有重叠。

分类与分布

单型种。中国边缘性分布于西藏、云南西部和西南部。国外分布于巴基斯坦至东南亚。

② 幼羽/云南—6月/何海燕
飞羽已近生长完全

③ 替换羽前换羽/云南－1月/何海燕
a.基本羽顶冠黑色大部褪去，仅眼线黑色
b.年龄不详。内侧二级飞羽较旧

④ 成鸟基本羽/云南－1月/牛蜀军
尾叉深。喙端略黑

⑤ 成鸟替换羽（育雏）/云南－4月/沙永胜
a.顶冠黑色延至上喙基部。初级飞羽偏白，与灰色的上体呈对比
b.尾较长，突出于翼尖

⑥ 成鸟基本羽前换羽/云南－6月/魏子晨
a.随着磨损，初级飞羽末端颜色变深
b.已开始更替内侧几枚初级飞羽

鸥科 Laridae /
燕鸥亚科 Sterninae

粉红燕鸥

Roseate Tern
Sterna dougallii

- 体长 33—41厘米
- 翼展 67—80厘米
- 体重 75—130克
- 受胁等级 无危(LC)

外观

中型燕鸥。似普通燕鸥但喙更细长，尾也较长，上体灰色较浅。繁殖期下体具淡粉色而得其名，但粉色因磨损较快而并不易见。

习性

飞行姿态优雅，俯冲入水捕食鱼类。与普通燕鸥相比入水角度较斜，没入水下较深而时间较长。不太擅悬停，振翅较快而似白额燕鸥。温带至热带的海洋性鸟类。

分类与分布

三至五个亚种，见于大西洋、印度洋和西太平洋直至澳大利亚北部。*bangsi*亚种在中国繁殖于东南、华南沿海的岛屿，越冬于海上，南至澳大利亚等地，偶见于南海。

参考文献：56。

① 幼羽与成鸟（左）/福建－8月/江航东

a.幼羽外观似白嘴端凤头燕鸥但体型较小。飞羽、尾羽等还未生长完全。成鸟基本羽额白，但顶冠后部、眼后为黑色而似幼羽

b.成鸟的尾羽可能有缺损，末端仅与翼尖平齐。初级飞羽具三代羽毛：最外侧两枚为基本羽，中间数枚为替换羽，最内侧数枚（仅一枚可见）为繁殖开始前又进行的一轮补充换羽。该个体替换羽中间有一枚颜色近黑色，可能为基本羽的羽毛。通常初级飞羽更替按次序进行，该个体替换羽前换羽时跳过这枚的原因未知。该现象是否较普遍存在有待研究

② 成鸟替换羽与褐翅燕鸥（背景）/广东－7月/董江天

a.尾羽达完整长度的个体，尾端远超翼端。喙较普通燕鸥细长，在育雏期喙基部会变红色。腰较普通燕鸥略长

b.下体具淡淡的粉色

c.较新的初级飞羽浅灰色，内翈、端部白色而似白嘴端凤头燕鸥

③ 成鸟替换羽/福建－5月/江航东
a.除育雏期外大部分时间，包括繁殖
期早期，喙为黑色
b.比同属（*Sterna*）其他燕鸥的求偶
炫耀动作更夸张，更似白嘴端等凤头
燕鸥类

④ 成鸟替换羽/浙江－5月/戴美杰
a.最长的尾羽较细，经常不易见。但身体重
心仍偏前
b.尾羽合拢时，整体呈浅灰白色的粉红燕鸥
可能与鹬科鸟类（中央尾羽延长）相混淆

⑤ 成鸟替换羽/福建－8月/江航东
a.在育雏期，有些个体喙完全变红色
b.尾上覆羽、腰与肩背部色彩反差不大

粉红燕鸥（上）与普通燕鸥（下）P10比较
（图中示腹面）/福建－8月/江航东（上）/
广西－7月/唐上波（下）
在P10的内翈，粉红燕鸥具较小面积的黑色

鸥科 Laridae /
燕鸥亚科 Sterninae

黑枕燕鸥

Black-naped Tern
Sterna sumatrana

- 体长 33—35厘米
- 翼展 61—66厘米
- 体重 86—120克
- 受胁等级 无危(LC)

外观

中型燕鸥。似粉红燕鸥但各羽色均不具黑色头冠，仅枕部至眼线黑色。成鸟上体灰色浅而近白色，似中华凤头燕鸥。

习性

海洋性鸟类。喜群栖，喜沙滩、珊瑚海滩。

分类与分布

两个亚种，见于印度洋和西太平洋直至澳大利亚北部。其中指名亚种在中国繁殖于东南、华南沿海，以及南海的岛屿，冬季偶见于海南岛、南海。

① 幼羽（左）与成鸟/香港—7月/董江天
幼羽似粉红燕鸥但顶冠黑色较少。黑色的眼线较突出而似成鸟

② 成鸟/浙江—6月/戴美杰
喙细长似粉红燕鸥，但不会变红色。尾羽比粉红燕鸥略短。
初级飞羽近白（有异于幼羽），新羽与旧羽反差不明显

③ 成鸟/福建 5月/江航东
a.下翼面基本全白，仅P10外翈具少量黑色
b.在更替内侧初级飞羽，其中P6刚长出不
久，可能为替换羽前换羽

④ 亚成鸟或成鸟/广东—7月/董江天
a.尾上覆羽、腰与肩背部色彩反差较小
b.外侧几枚初级飞羽较新，其中P10还
未生长完全。年龄不详

⑤ 成鸟与白额燕鸥、普通燕鸥、铁嘴沙鸻/广西—8月/唐上波

a.白额燕鸥在基本羽时顶冠黑色褪去而似黑枕燕鸥，但顶冠后部不似黑枕燕鸥般白，黑色眼线的端部在眼前较圆钝

b.白额燕鸥体型较小，喙则显短钝而似普通燕鸥

c.普通燕鸥体色最深，白额燕鸥上体的浅灰色仍较黑枕燕鸥深。普通燕鸥与白额燕鸥的初级飞羽灰色均较深（尤其是外侧几枚随着磨损而近黑色）

d.腿长而显站姿较高者为铁嘴沙鸻

鸥科 Laridae /
燕鸥亚科 Sterninae

普通燕鸥

Common Tern
Sterna hirundo

- 体长 32—39厘米
- 翼展 70—83厘米
- 体重 80—165克
- 受胁等级 无危(LC)

外观

中型燕鸥。尾叉深，细长的喙黑色或基部具红色。上体灰色较深。替换羽中下体浅灰色，在我国中西部似须浮鸥但尾叉深，在东部沿海则似白腰燕鸥。下体不及分布于极西南部的黑腹燕鸥色深。体型大于三者。

习性

飞行有力，从高处冲下水面取食。

分类与分布

通常认为有三至四个亚种，繁殖于北美洲及古北界，越冬于南美洲、非洲、印度洋至澳大利亚。亚种间差异较小，此处简化处理，不采纳*minussensis*亚种，则指名亚种在我国繁殖于新疆；*tibetana*亚种繁殖于我国西北和青藏高原，越冬于印度洋；*longipennis*亚种繁殖于我国东北至华东，迁徙经我国华南、东南，越冬于印度洋、东南亚至澳大利亚，可能少量越冬于我国华南。是我国最常见的燕鸥之一而得其名。

① 幼羽（左）与成鸟（*longipennis*亚种）/江苏－7月/项乐
a.幼羽似白腰燕鸥等的幼羽但上体偏暖褐色。尾叉比须浮鸥深
b.成鸟似粉红燕鸥但喙通常较短粗，尾羽末端与翼端大致平齐。色深的外侧初级飞羽数量通常较粉红燕鸥多。该个体喙中叼着一片羽毛，可造成其喙较短粗而似鸥嘴噪鸥的错觉，注意其尾比鸥嘴噪鸥长

② 第二换羽周期/广西—7月/唐上波

a.额白、上体深灰色似成鸟基本羽。下翼面二级飞羽不具深色次端带而有别于白腰燕鸥

b.第一换羽周期中P10还未生长完全，内侧新的初级飞羽已在生长。同时期的幼鸟、成鸟一般还未开始更替初级飞羽，若已开始则应由P1开始而远未达P10

c.同时期的幼鸟、成鸟一般还在较接近繁殖地的地方，而该个体则由越冬地迁移至此地度夏

③ 成鸟替换羽（*longipennis*亚种）/河南—5月/杜卿

a.下体灰色不如须浮鸥、黑腹燕鸥深而更接近白腰燕鸥

b.即便在内侧数枚较新的初级飞羽内翈也不具粉红燕鸥般显著的白色羽缘

c.*longipennis*亚种喙多为黑色，但繁殖期基部尤其是下喙基部会有少量红色。配对的成鸟中雌性似乎比雄性下喙红色更多

④ 成鸟替换羽（*longipennis*亚种）/江苏—6月/章麟

a.尾上覆羽至腰白，与较深的灰色上体呈对比

b.外侧近黑色的初级飞羽为基本羽，中间大部分初级飞羽为替换羽。在繁殖前又在更替的最内侧两枚初级飞羽可能为补充换羽，则下一轮基本羽前换羽又会从P1开始向外更替

⑤ 成鸟替换羽/江苏—6月/章麟

a.下翼面外侧初级飞羽端部黑色比粉红燕鸥多，而二级飞羽则不具白腰燕鸥般的深色次端带（尽管图中阴影造成此特征难以判断）

b.与图④*longipennis*亚种同域繁殖的个体，喙基部红色较多，似*tibetana*亚种或指名亚种

⑥ 成鸟替换羽/新疆—7月/李晶

依繁殖范围可能为指名亚种。各亚种上体、下体的灰色深浅、喙的长短等在野外均难以判断

⑦ 成鸟替换羽/甘肃—7月/李晶

依繁殖范围可能为*tibetana*亚种。与指名亚种相比，该亚种下体具更深的葡萄灰色

鸥科 Laridae /
燕鸥亚科 Sterninae

黑腹燕鸥

Black-bellied Tern
Sterna acuticauda

- 体长 29—35厘米
- 翼展 59—66厘米
- 体重 62—68克
- 受胁等级 濒危(EN)

外观

中小型燕鸥。似黄嘴河燕鸥但喙较细且偏橙色。替换羽腹部具黑色斑块，与须浮鸥等浮鸥类的区别在于尾长，尾叉深。基本羽额部变白，腹部黑色基本消失，喙端黑色。

习性

在流速缓慢的河流上飞行，歇息于沙滩。也见于湖泊等。

分类与分布

中国边缘性见于云南西南部盈江和西双版纳地区，但已多年未见，西藏可能仍有分布。国外分布于南亚、东南亚。

① 成鸟替换羽/印度－1月/
Tom Lindroos
a.喙较须浮鸥长而不及黄嘴河燕鸥粗壮
b.腹部黑色较须浮鸥色深且不上延至颈部

② 成鸟替换羽/印度－1月/
Tom Lindroos
尾叉深

鸥科 Laridae /
燕鸥亚科 Sterninae

须浮鸥

Whiskered Tern
Chlidonias hybrida

- 体长 23—29厘米
- 翼展 57—70厘米
- 体重 60—110克
- 受胁等级 无危(LC)

外观

小型燕鸥。替换羽腹部变暗似黑腹燕鸥但喙的色彩不同。尾叉浅而似其他浮鸥，有别于普通燕鸥等。

习性

在漫水地和稻田上空觅食，取食时扎入浅水或低掠水面，但俯冲前不悬停。也于空中捕捉飞虫。叫声较其他浮鸥粗哑。

分类与分布

三至六个亚种，国外分布于非洲南部、古北界的南部、南亚至澳大利亚等。此处将我国有分布的*swinhoei*亚种并入指名亚种。其在国内繁殖于北部地区，部分越冬于南方。

参考文献：57。

① 幼羽/山东－1月/胡振宏
a.该属筑浮巢于内陆湿地而得名"浮鸥"
b.似白腰燕鸥幼羽但上体褐色偏暖。翼覆羽、三级飞羽深色部分较少

② 基本羽前换羽/广东－12月/曾海翔
a.上体灰色缺乏幼羽的黑褐色。顶冠、眼后具不同程度的黑色，似幼羽
b.部分个体顶冠黑色面积仍较大而近替换羽，尤其是最左侧个体下体深灰色、喙暗红色而基本仍为替换羽

③ 成鸟替换羽育雏/辽宁－2月/张明
尾短，尾叉不显著

④ 成鸟基本羽前换羽/山东－7月/胡振宏
顶冠的黑色与下体的灰色中间杂白色。内
侧新的浅灰色的初级飞羽正在长出，与近
黑色且磨损的外侧旧羽呈对比

个体2

个体1

⑤ 须浮鸥与白翅浮鸥/广东－12月/何韬

a.须浮鸥比白翅浮鸥体型略大、头颈较粗、尾叉更深，上体灰色较浅

b.基本羽时眼后的黑色较向后延伸，而白翅浮鸥眼后的黑色呈点状，与顶冠黑色相连似戴了一副"耳机"

c.个体1为第一换羽周期的须浮鸥，肩背部等仍有较多幼羽。个体2为第一换羽周期的白翅浮鸥

⑥ 须浮鸥/广东—12月/何韬
a.背部灰色向胸部延伸形成一小块灰斑
b.雄性体型大于雌性，头、喙较长，喙较厚。右侧放大图中个体可能为雌性

鸥科 Laridae /
燕鸥亚科 Sterninae

白翅浮鸥

White-winged Tern
Chlidonias leucopterus

- 体长 20—28厘米
- 翼展 50—67厘米
- 体重 42—79克
- 受胁等级 无危(LC)

① 幼羽/四川—9月/干昌大
a.上体色深似白腰燕鸥幼羽，但"耳机"显著
b.也略似小鸥。但小鸥、黑浮鸥颈侧黑斑明
显，且小鸥幼羽尾羽具深色次端带

🦅 外观

  小型燕鸥。似须浮鸥
但体型略小，替换羽头至
腹部黑色。下翼面覆羽黑
色有别于黑浮鸥。基本羽
顶冠黑色较局限于耳后似
"耳机"。

🪶 习性

  似须浮鸥，但不潜入
水下。在海上迁徙时可见
大群于海面浮草上。

📍 分类与分布

  单型种，繁殖于南欧
至东亚，越冬于非洲、南
亚至澳大利西亚。在中国
繁殖于新疆西北部、黄河
河套和东北地区，越冬于
华南和东南。

  参考文献：58。

② 第二换羽周期/上海—8月/胡振宏
a.似成鸟基本羽。尾羽较平，尾叉不如须浮鸥深
b.在第一换羽周期中进行完全换羽，初级飞羽已全部更
替，内侧浅灰色的初级飞羽为第二换羽周期中长出的新羽

③ 成鸟替换羽/辽宁—1月/张明
a.头颈至胸腹、下翼面覆羽为均一的黑色。背部黑色略浅
b.翼前缘、腰至尾白色

④ 成鸟替换羽/河北—5月/刘勤
于水体表面掠食

⑤ 成鸟替换羽/辽宁—1月/张明
尾短，尾叉浅

鸥科 Laridae /
燕鸥亚科 Sterninae

黑浮鸥

Black Tern

Chlidonias niger

- 体长 22—28厘米
- 翼展 56—65厘米
- 体重 60—86克
- 受胁等级 无危(LC)

① 幼羽/新疆－7月/李晶
a.似白翅浮鸥幼羽。肩背部与上翼面色彩反差一般不如白翅浮鸥般强烈
b.胸侧黑斑显著。须浮鸥该部位深色斑不显著，白翅浮鸥则无深色斑
c.*surinamensis*亚种幼羽顶冠色较浅，胸侧黑斑较宽且胁部较暗

② 成鸟替换羽前换羽与普通燕鸥（右）/新疆－4月/王瑞
a.体型较普通燕鸥小，尾短，腿短，喙短
b.整体深灰黑色，翼深灰色且前缘不显著，与上下体色彩相近。胸至颈部显白，可能还未完全换上替换羽

外观

小型燕鸥。似白翅浮鸥但替换羽下翼面覆羽灰色，与飞羽反差较小。基本羽胸侧的黑斑显著。

习性

似白翅浮鸥。栖息于沿海和内陆水域，比白翅浮鸥更喜海洋环境。

分类与分布

两个亚种。指名亚种繁殖于欧洲至阿尔泰山，越冬于南非、西非。在我国繁殖于新疆西北部。*surinamensis*亚种繁殖于北美洲，越冬于中美洲。我国东部的迷鸟记录为指名亚种。两亚种均有迷鸟记录于日本。

③ 成鸟基本羽前换羽/新疆－6月/杜卿
a.替换羽头部黑色似白翅浮鸥。基本羽前换羽比白翅浮鸥早，头部黑色中已开始出现少量白色
b.腰至尾部浅灰色，与肩背部反差不如白翅浮鸥强烈

④ 成鸟基本羽前换羽/新疆－6月/王昌大
a.类似于上翼面，下翼面色彩平淡，覆羽与飞羽不似白翅浮鸥般黑白反差强烈
b.指名亚种的替换羽下体黑色带褐色调，有别于白翅浮鸥
c.替换羽略具性别差异，雌性头部的黑色集中于顶冠而雄性则有完整的黑色头罩。但头颈部黑色与黑褐色的界线在野外较难界定，该特征最好在繁殖对中应用

⑤ 成鸟基本羽前换羽与红嘴鸥（背景）/新疆－7月/李晶
a.头部黑色开始换羽比白翅浮鸥早且下部进展较快。该个体头部外观已近基本羽
b.已开始更替中央尾羽，露出了白色的尾下覆羽

⑥ surinamensis亚种成鸟替换羽/加拿大－6月/梅坚
surinamensis亚种下体黑色更纯，似白翅浮鸥。注意翼下覆羽、翼上、腰等部位色彩的差异

鸥科 Laridae /
燕鸥亚科 Sterninae

白顶玄燕鸥

Brown Noddy

Anous stolidus

- 体长 36—45厘米
- 翼展 75—86厘米
- 体重 130—225克
- 受胁等级 无危(LC)

外观

翼长、腿短而似乌燕鸥、褐翅燕鸥等，但较长的楔形尾不开叉，反而可能似鹱、鲣鸟、贼鸥等其他海洋鸟类。整体黑褐色。前额白色，向后至头顶渐变为灰白色。

习性

海洋性鸟类。在开阔海面上低空掠食，不俯冲入水。

分类与分布

四至五个亚种，在太平洋、印度洋、大西洋的热带与亚热带海区均有分布。其中*pileatus*亚种分布于印度洋至太平洋，在中国主要繁殖于澎湖、南海海域。

① 幼羽（上）与成鸟基本羽前换羽/澳大利亚—1月/章麟

a.成鸟头颈部比幼羽略偏灰色，顶冠浅色显著。中文名虽为白顶玄燕鸥，但*pileatus*亚种顶冠偏灰色而非白色

b.基本羽与替换羽外观相似。需数年成熟，未成鸟与成鸟外观难以区分。根据出现于繁殖群体中推测下方三只为成鸟。基本羽前换羽为完全换羽，会更替飞羽。内侧新长出的初级飞羽显黑色，而外侧旧的初级飞羽显褐色

② 幼羽（右）与成鸟基本羽前换羽/澳大利亚—1月/章麟
尾羽常扇开。幼羽个体的尾羽还未生长完全

③ 幼羽/澳大利亚－1月/章麟
　a.整体褐色似成鸟，但顶冠也基
本为褐色
　b.肩背部羽色具个体差异，左侧
个体缺乏浅色羽缘。但两者的翼
覆羽均具浅色羽缘

❸

❹

④ 成鸟基本羽前换羽/澳大利亚－1月/章麟
低掠水面觅食

⑤ 成鸟基本羽前换羽（飞行）与乌燕鸥、大凤头燕鸥/澳大利亚－1月/章麟

a.喙黄色的为大凤头燕鸥。乌燕鸥体型略小于白顶玄燕鸥，下体具白色，幼羽上体的浅色羽缘白色而比白顶玄燕鸥幼羽的更显著

b.飞行时可见白顶玄燕鸥较长且呈楔形的尾。上翼面具浅色，似幼羽，顶冠的浅灰色也易融入浅色的背景，但内侧初级飞羽正在更替而有别于幼羽

鸥科 Laridae /
燕鸥亚科 Sterninae

玄燕鸥

Black Noddy

Anous minutus

- 体长 31—40厘米
- 翼展 65—72厘米
- 体重 85—144克
- 受胁等级 无危(LC)

白顶玄燕鸥头部特写/澳大利亚－10月/孙家杰

① **基本羽前换羽/香港－6月/孔思义、黄亚萍**
a.中文名虽为玄燕鸥，但比白顶玄燕鸥顶冠更白，另一英文名White-capped Noddy意为"白顶"的玄燕鸥。体色偏黑，羽毛磨损后显褐色
b.体型较白顶玄燕鸥小，喙更细长（参照白顶玄燕鸥头部特写）
c.幼羽顶冠也白而有别于白顶玄燕鸥幼羽。顶冠后部白色与枕部深色分界比成鸟更清晰。该个体在更替内侧初级飞羽，可判断不是幼羽

🪶 外观

似白顶玄燕鸥，但体型较小，喙更细而直，其长度超过头长。体色更黑，翼上无白顶玄燕鸥般褐色的翼斑（见白顶玄燕鸥页放大图）。

🪶 习性

似白顶玄燕鸥。

📍 分类与分布

七个亚种，在太平洋、大西洋的热带与亚热带海区均有分布。中国有迷鸟记录于台湾、香港，可能是繁殖区距离较近的 *marcusi* 亚种。

② **基本羽前换羽/香港－6月/孔思义、黄亚萍**
与图①为同一个体

鸥科 Laridae /
燕鸥亚科 Sterninae

白燕鸥

White Tern

Gygis alba

- 体长 23—35厘米
- 翼展 70—87厘米
- 体重 77—157克
- 受胁等级 无危(LC)

candida（含*leucopes*）亚种体长 32—34厘米

外观

形态似其他燕鸥，尾叉较浅。全身白色。黑色的喙略上翘。

习性

偶尔潜入水中捕食，但从不完全没入水中。不筑巢，产卵于树枝、石头、建筑物等之上。

分类与分布

单型种，又或分为三至四个亚种，分布范围遍及太平洋、印度洋、大西洋的热带与亚热带海区。在中国沿海*candida*亚种为极罕见的迷鸟。

参考文献：59。

① 幼羽/塞舌尔－10月/宋迎涛
a.喙上翘，不同于其他燕鸥
b.整体白色似成鸟，但上体具褐色羽缘。喙黑色

② 成鸟育雏/塞舌尔－10月/宋迎涛
a.喙基部蓝色。尾长中等。*candida*亚种初级飞羽具深色羽轴
b.卵产于树枝，孵化后的雏鸟原地不动

③ 成鸟/澳大利亚－1月/Robert Bush

a.尾叉略深

b.成鸟初级飞羽换羽会由数个起始点开始向外进行更替。其他燕鸥不具此换羽模式，但黑枕燕鸥或具类似模式

中贼鸥/俄罗斯—6月/慕童

Stercorariidae

贼鸥体色多暗褐色，似一些鸥的幼羽及其他一些海鸟。具劫掠其他鸟类包括鸥、燕鸥的食物的习性。贼鸥出现时鸥、燕鸥群通常会惊恐起飞。贼鸥的未成鸟具由浅至深的不同色型，一些种类的成鸟也具浅色、深色色型。与大型鸥相似，贼鸥通常需四年才能达到成年。接近成年的个体羽色与成鸟愈发接近，而色彩非常深的个体在野外几乎很难看出其羽色细节，因此对未成年个体从外观上进行年龄判断非常困难。贼鸥在陆地上繁殖，但在繁殖期外则营海上生活。未成年个体在离开出生地至返回参与繁殖的几年间基本活动于离繁殖区很远的海上。

南极贼鸥

South Polar Skua

Stercorarius maccormicki

- 体长　48—58厘米
- 翼展　130—148厘米
- 体重　890—2000克
- 受胁等级　无危(LC)

🦶 外观

体大，全身褐色，似大型鸥的幼鸟但初级飞羽基部白色明显，中央尾羽略突出。

🖋 习性

似其他贼鸥，追逐其他海鸟迫使其反吐食物。因体型劣势捕食企鹅较少，更多捕食鱼类等。飞行如大型猛禽般强健有力。迁徙路径多呈"环"状或"8"字形，北迁时经太平洋西部而南迁时经其东部。

📍 分类与分布

单型种。繁殖于环南极大陆的边缘地区，大部分在北半球的夏季于太平洋、大西洋和印度洋度过非繁殖期。在中国偶尔出现在南海和台湾。其与几种相似的大型贼鸥有时也被归入*Catharacta*属，在南极半岛的繁殖地有与大贼鸥*Catharacta antarctica*的*lonnbergi*亚种杂交的现象。它们也曾均被归入北贼鸥*C.skua*之下。

参考文献：62、63、64。

① 亚成鸟或成鸟/美国—10月/
Glen Tepke
a.中间型。初级飞羽基部的白色在下翼面更显著，而深色的覆羽与浅色的胁部呈对比
b.初级飞羽更替已进行到最外侧两枚。因换羽时间可排除幼羽或第一换羽周期

② 亚成鸟或成鸟/南极洲—1月/
朱恺杰
深色型。极似大贼鸥的*lonnbergi*亚种。南极贼鸥体型较小，喙略小，但两者在一起比较时才易看出差异。随着年龄增长，大贼鸥的*lonnbergi*亚种肩背部呈现越来越多的浅色斑纹

③ 亚成鸟或成鸟/南极洲—1月/
张正旺
a.需数年成熟，年龄难辨。成鸟头颈至下体具浅色至深色的各种羽色，简化称为浅色型、中间型和深色型，是各种相似的大型贼鸥中唯一具色型变化的种类。这个体似中间型。幼鸟则均似中间型
b.后颈具皮黄色纵纹

贼鸥科 Stercorariidae /

中贼鸥

Pomarine Jaeger
Stercorarius pomarinus

· 体长 42—51厘米
· 翼展 110—138厘米
· 体重 540—870克
· 受胁等级 无危(LC)
体长不含成鸟中央尾羽的5.5—11厘米

外观

　　体型中等的贼鸥，全身以褐色为主，似黑尾鸥等鸥类的幼羽但初级飞羽基部多白色。幼羽、完全成鸟羽色具由深至浅的不同色型。中央尾羽突出，在替换羽中延长并呈"球拍"状。

习性

　　繁殖期依赖旅鼠为食。非繁殖期偏好开阔洋面，常从其他海鸟处抢掠食物但空中机动性不如小型贼鸥强。

分类与分布

　　单型种，繁殖于环北极地区，非繁殖期于南方海域度过。中国定期出现于南沙群岛和华南沿海，偶见于其他沿海和内陆地区。

① 幼羽或第一换羽周期/北京—11月/张岩
a.该个体中央尾羽突出较多但仍不及短尾贼鸥、长尾贼鸥。端部圆钝
b.下翼面除了初级飞羽基部白色较显著外，有些个体初级飞羽大覆羽基部白色也较显著（在深色型中不显）

② 第一换羽周期/北京—9月/徐永春
a.整体粗壮，胸腹部较突出，介于大型与小型贼鸥之间
b.中央尾羽突出较少。翼基部较宽

③ 第一换羽周期/北京－9月/徐永春
a.与图②为同一个体。喙较小型贼鸥粗壮，头颈较粗。喙尖黑色约占整个喙长度的1/3
b.基本仍着幼羽。幼羽具由深至浅的不同色型，该个体为中间型。上体羽毛排列整齐且具较宽的浅色羽缘

④ 基本羽/厄瓜多尔－2月/Roger Ahlman
a.中央尾羽换羽时，尾会显短而整体轮廓似鸥
b.与褐色为主的未成年羽色的鸥的区别在下体至颈部褐色呈横斑状。另外贼鸥上喙由基部向前延伸的角质片与嘴甲有明显的分界

中贼鸥（上）与蒙古银鸥（下）喙的比较/厄瓜多尔－2月/Roger Ahlman（上）/辽宁－8月/张明（下）

183

深色型

⑤

⑤ 替换羽/俄罗斯-6月/慕童

 a.呈"球拍"状的中央尾羽长度具体差异。浅色型成鸟近白色的下体与深色的翼对比强烈，有些雄性个体会缺乏深色的胸带（见图⑥）。成鸟的下翼面仅初级飞羽基部白色显著

b.左下为深色型个体。右侧三只浅色型下体白色不纯，其中最下方个体下翼面、尾下覆羽具较多白色，还未成年，而另两只个体较接近成年（见图⑦）

 c.喙基部颜色比喙尖浅，尤其在繁殖期喙基部变为粉色，与喙尖的对比比短尾贼鸥强，远距离时更易见

d.迁徙时队形散乱似短尾贼鸥和长尾贼鸥

⑥⑦/香港－4月/金莹
图⑦中个体在近距离可见下翼面由覆羽至腋羽的一些羽
毛具白色横斑，而不似图⑥中个体该部位为纯黑褐色

贼鸥科 Stercorariidae /

短尾贼鸥

Parasitic Jaeger
Stercorarius parasiticus

- 体长 37—44厘米
- 翼展 97—118厘米
- 体重 360—697克
- 受胁等级 无危(LC)

体长不含成鸟中央尾羽的5—10厘米

外观

　　体型略小的贼鸥，喙比中贼鸥细小。幼羽、完全成鸟羽色具由深至浅的不同色型。中央尾羽突出，替换羽延长成尖。其长度比长尾贼鸥短而得其中文名，但比中贼鸥等其他贼鸥的长。

习性

　　似其他中小型贼鸥，但追逐海鸟时空中动作更灵活，追逐时间更长，飞行姿态似隼。

分类与分布

　　单型种，繁殖于环北极地区，非繁殖期于南方海域（主要于南半球）度过。中国于内陆地区和南方海域有零星记录。

② 幼羽/浙江－9月/陈青骞
与图①为同一个体。下翼面初
级飞羽基部白色显著，在上翼
面仅形成一条细细的弧线

③ 第一换羽周期/四川－9月/王昌大
a.该个体喙的特征比较鲜明。喙尖黑色约占整个喙长度的1/3
b.基本仍着幼羽。接近深色型。更深色的个体与亚成鸟、成
鸟外观非常相似，区别在于如排列整齐的翼覆羽等具浅色羽
缘。其羽缘一般比长尾贼鸥幼羽的更显锈色

❷

❸

④ 第二换羽周期/俄罗斯－7月/慕童
a.中央尾羽突出较短似成鸟基本羽
b.下翼面覆羽、腋羽具白色斑纹为未成年羽色

④

⑤ 成鸟替换羽/俄罗斯－7月/慕童
a.中央尾羽突出于翼尖之后。喙灰黑色有别于中贼鸥
b.该个体为浅色型。顶冠黑色与脸部近白色界限分明。顶冠黑
色不延伸至嘴裂以下，有别于中贼鸥。近上喙基部有少许白色

⑥ 成鸟替换羽/俄罗斯—7月/慕童
a.中央尾羽尖而长
b.初级飞羽基部仅具少量白色，不再如幼羽般明显

⑦ 替换羽/芬兰—7月/Tom Lindroos
深色型。近上喙基部同样有少许白色

长尾贼鸥

Long-tailed Jaeger
Stercorarius longicaudus

- 体长 35—41厘米
- 翼展 105—117厘米
- 体重 218—444克
- 受胁等级 无危(LC)

体长不含成鸟中央尾羽的12—26厘米

外观

体型小于短尾贼鸥，喙比中贼鸥细小，比短尾贼鸥短。幼羽具由深至浅的不同色型但成鸟仅具浅色型。中央尾羽突出，替换羽延长成尖且比短尾贼鸥更长。

习性

似其他贼鸥。飞行较长尾贼鸥更轻盈而似燕鸥。

分类与分布

单型种或两个亚种，繁殖于环北极地区，越冬于亚南极海域。若分为两个亚种，则*pallescens*亚种繁殖于格陵兰至西伯利亚东部。迁徙时定期经过中国东部沿海，偶至内陆地区。

① 幼羽/广东—9月/金莹
a.喙显得比短尾贼鸥短，喙尖黑色约占整个喙长度的1/2
b.该个体为浅色型。整体的褐色调偏冷，比短尾贼鸥幼羽少锈色

② 幼羽/广东−9月/田穗兴
a.翼基部较短尾贼鸥略窄，中央尾羽突出明显而似短尾贼鸥。重心更偏向胸部而使整体轮廓似燕鸥
b.初级飞羽基部白色不如短尾贼鸥显著

③ 幼羽/广东−9月/田穗兴
与图①、图②为同一个体。中央尾羽端部圆钝，似中贼鸥。初级飞羽大覆羽基部不具白色而有别于中贼鸥

④ 幼羽/江苏−9月/Remco Steggerda
a.翼窄、尾长，整体轮廓似燕鸥。中央尾羽端部圆钝
b.该个体为中间色型。环境光线较暗而使其似暗色型。下翼面初级飞羽基部的白色使其有别于成鸟

⑤ 幼羽/江苏−9月/Remco Steggerda
a.与图④为同一个体。下翼面具黑白相间的图纹，上翼面覆羽具浅色羽缘。颈部、尾上覆羽、尾下覆羽也具浅色。在暗色型中这些浅色部位相当不明显，使年龄判断更困难
b.上翼面初级飞羽不具短尾贼鸥般显著的白色，仅最外侧两枚羽轴白色。具白色羽轴的初级飞羽数目有个体差异，较多者可似短尾贼鸥，需结合其他特征进行判断

⑥ 第一换羽周期/厄瓜多尔—2月/Roger Ahlman
a.浅色型。中央尾羽短而似成鸟基本羽，但下翼面黑白图纹和换羽时间（刚开始更替内侧初级飞羽）有别于成鸟。幼羽的中央尾羽脱落后，在后面各阶段生长出的其末端均尖似短尾贼鸥
b.该个体最外侧三枚初级飞羽具白色羽轴

⑦ 成鸟替换羽/俄罗斯—7月/慕童
a.完整长度的中央尾羽较短尾贼鸥更长，但在其更替时需注意长度会与短尾贼鸥相仿
b.顶冠黑色略延至嘴裂以下，在喉基部无白色

⑧ 成鸟替换羽/香港－4月/袁屏

a.轮廓修长似燕鸥

b.成鸟不具暗色型。较暗的个体在指名亚种中较多，腹部深色延至胸部甚至颈部

⑨ 成鸟替换羽/俄罗斯－7月/慕童

a.幼羽的初级飞羽更替后，下翼面初级飞羽基部就不再具短尾贼鸥般的白色

b.下体暗色较少的个体

⑩ 替换羽与夜鹭（左）/北京－6月/Colm Moore、赵奇

中央尾羽短而似短尾贼鸥。下翼面纯色，同成鸟。从较短的尾羽和该时间出现的纬度可推测其接近成年

综合 /

1. 颜重威, 诸葛阳, 陈水华. 中国的海鸥与燕鸥[M]. 南投: 凤凰谷鸟园, 2006.

2. 郑光美. 鸟类学[M]. 第2版. 北京: 北京师范大学出版社, 2012.

3. 郑光美. 中国鸟类分类与分布名录[M]. 第3版. 北京: 科学出版社, 2017.

4. 曲利明. 中国鸟类图鉴（便携版）[M]. 福州: 海峡书局, 2015.

5. 尹琏, 费嘉伦, 林超英. 香港及华南鸟类[M]. 第8版. 香港: 香港观鸟会, 2008.

6. 马鸣. 新疆鸟类分布名录[M]. 北京: 科学出版社, 2011.

7. 王岐山, 马鸣, 高育仁. 中国动物志 鸟纲[M]. 第5卷. 鹤形目 鸻形目 鸥形目. 北京: 科学出版社, 2006.

8. 马敬能, 菲利普斯, 何芬奇. 中国鸟类野外手册[M]. 长沙: 湖南教育出版社, 2000.

9. 昂利, 巴特尔. 南大洋海鸟鉴别——登临渔船科学观察员指南[M]. 黄洪亮, 陈雪忠, 译. 北京: 海洋出版社, 2018.

10. AYE R, SCHWEIZER M, ROTH T. Birds of Central Asia[M]. London: Christopher Helm, 2009.

11. BAKER J. Identification of European Non-Passerines. A BTO Guide. Second revised edition[M]. Thetford: British Trust for Ornithology, 2016.

12. BILLERMAN S M, KEENEY B K, RODEWALD P G, et al. Birds of the World[J]. Cornell Laboratory of Ornithology, Ithaca, NY, USA, 2020.

13. BLOMDAHL A, BREIFE B, HOLMSTRÖM N. Flight Identification of European Seabirds[M]. London: Christopher Helm, 2003.

14. BRAZIL M. Birds of East Asia[M]. London: Christopher Helm, 2009.

15. CHIKARA O. Birds of Japan. Lynx and Birdlife International Field Guides[M]. Barcelona: Lynx Edicions, 2019.

16. FRASER I, GRAY J. Australian Bird Names. Origins and Meanings. Second Edition[M]. Clayton South: CSIRO Publishing, 2019.

17. GRIMMETT R, INSKIPP C, INSKIPP T. Birds of the Indian Subcontinent[M]. London: Christopher Helm, 2011.

18. HOWELL S, ZUFELT K. Oceanic Birds of the World. A Photo Guide[M]. Princeton: Princeton University Press, 2019.

19. KAUFMAN K. Kaufman Field Guide to Advanced Birding. Understanding What You See and Hear[M]. New York: Houghton Mifflin Harcourt, 2011.

20. MENKHORST P, ROGERS D, CLARKE R. The Australian Bird Guide[M]. Clayton South: CSIRO Publishing, 2017.

21. MU C H, CHENG L L. A Field Guide to the Birds of Taiwan[M].

Taipei: Wild Bird Society of Taipei, 2017.

22.PORTER R, ASPINALL S. Birds of the Middle East[M].2th ed. London: Christopher Helm, 2010.

23.PYLE P. Identification Guide to North American Birds, Part II Anatidae to Alcidae[M]. Point Reyes Station: Slate Creek Press, 2008.

24.ROBSON C. Birds of Southeast Asia[M]. 2th ed. London: Bloomsbury Publishing Plc, 2008.

25.SVENSSON L. Collins Bird Guide: The Most Complete Guide to the Birds of Britain and Europe[M]. London: Harper Collins, 2010.

鸥 /

26.氏原巨雄, 氏原道昭. 鸥类识别手册[M]. 丁楠雅, 魏晨韬, 陈学军译. 哈尔滨: 东北林业大学出版社, 2017.

27.氏原巨雄, 氏原道昭. 日本鸥类识别图鉴[M]. 决定版. 东京: 诚文堂新光社, 2019.

28.苗春林. 遗鸥研究与保护[M]. 北京: 中国林业出版社, 2014.

29.BUSTNES J , FOLSTAD I, ERIKSTAD K, et al. Blood concentration of organochlorine pollutants and wing feather asymmetry in Glaucous Gulls[J]. Functional Ecology, 2002,16: 617-622.

30.CHARDINE J W.Geographic Variation in the Wingtip Pattern of Black-legged Kittiwakes[J].The Condor, 2002, 104: 687-693.

31.ADRIAENS P, Gibbins C. Identification of the *Larus canus* complex[J]. Dutch Birding, 2016, 38: 1-64.

32.CAREY G J , KENNERLEY P R. 'Mew' Gull: the first record for Hong Kong and the identification and systematics of Common Gull forms in east Asia[J]. Hong Kong Bird Report, 1996, 1995: 134-149.

33.EBELS E B, ADRIAENS P, KING J R. Identification and ageing of Glaucous-winged Gull and hybrids[J]. Dutch Birding, 2001, 23: 247-270.

34.YÉSOU P. Phenotypic variation and systematics of Mongolian Gull[J]. Dutch Birding, 2001, 23: 65-82.

35.GIBBINS C, SMALL B J, SWEENEY J. Identification of Caspian Gull. Part I: typical birds[J]. British Birds, 2010, 103: 142-183.

36.KLEIN R, BUCHHEIM A.Die Albatrospe der Steppenmöwe *Larus cachinnans*[J]. Limicola, 2003, 17: 21-26.

37.DIJK K, KHARIT ONOV S P, EBBINGE B, et al. Taimyr Gulls: evidence for Pacifific winter range, with notes on morphology and breeding[J]. Dutch Birding, 2011, 33: 9-21.

38.PANOV E N, MONZIKOV D G.Status of the form *barabensis* within the 'Larus argentatus−cachinnans−fuscus complex'[J]. British Birds, 2000, 93: 227-241.

39.DUNNE P, KARLSON K T. Gulls Simplified.A Comparative Approach to Identification[M]. Princeton: Princeton University Press,

2019.

40.HOWELL S, DUNN J.Gulls of the Americas.Peterson Reference Guide Series[M]. New York: Houghton Mifflin Harcourt, 2007.

41.OLSEN K M, LARSSON H. Gulls of Europe, Asia and North America[M]. London: Christopher Helm, 2004.

42.OLSEN K M.Gulls of the World.A Photographic Guide[M]. London: Christopher Helm, 2018.

43.COLLINSON J M, SANGSTER G, SVENSSON L, et al.Species boundaries in the Herring and Lesser Black-backed Gull complex[J]. British Birds, 2008, 101: 340-363.

44.LIEBERS D, DE KNIJFF P, HELBIG A J. The herring hull (*Larus argentatus*) complex is not a ring species[J]. Proc Roy Soc London B, 2004, 271: 893-901.

45.STERNKOPF V, HELBIG A J, DE KNIJFF P, et al. Introgressive hybridization and the evolutionary history of the herring gull complex revealed by mitochondrial and nuclear DNA[M]. BMC Evolutionary Biology, 2010, 10: 348.

46.YESOU P.Systematics of *Larus argentatus-cachinnans-fuscus* complex revisited[J]. Dutch Birding, 2002, 24: 271-298.

燕鸥 /

47.ROGERS D I, MINTON C D T, HASSELL C J, et al. Gull-billed Terns in north-western Australia: subspecies identification, moults and behavioural notes[J]. Emu, 2005, 105(2): 145–158.

48.COLLINSON J M, DUFOUR P, HAMZA A, et al. When morphology is not reflected by molecular phylogeny: the case of three 'orange-billed terns' *Thalasseus maximus*, *T. bergii* and *T. bengalensis* (Charadriiformes: Laridae)[J]. Biological Journal of the Linnean Society, 2017,121(2): 439-445.

49.CHERUBINI G, SERRA L, BACCETTI N. Primary moult, body mass and moult migration of Little Tern *Sterna albifronsin* NE Italy[J]. Ardea, 1996, 84: 99-114.

50.SONG S K, LEE S W, LEE Y K, et al. First report and breeding record of the Chinese Crested Tern *Thalasseus bernsteini* on the Korean Peninsula[J]. Journal of Asia-Pacific Biodiversity, 2017,10(2): 250-253.

51.DIES J I , DIES B. Breeding biology and colony size of Sandwich Tern at l'Albufera de Valencia (western Mediterranean)[J]. Ardeola, 2004, 51 (2): 431-435.

52.GARNER M, LEWINGTON I, CROOK J. Identification of American Sandwich Tern[J]. Dutch Birding, 2007, 29 (5): 273-287.

53.GOLDSTEIN M I, DUFFY D C, OEHLERS S, et al. Interseasonal movements and non-breeding locations of Aleutian Terns

Onychoprion alcuticus[J]. Marine Ornithology, 2019, 47: 67–76.

54.DIAMOND A W. Subannual breeding and moult cycles in the Bridled Tern *Sterna anaethetus* in the Seychelles[J]. Ibis,1976, 118: 414-419.

55.COSSEE R O. New Zealand-banded Sooty Tern (*Sterna fuscata*) breeds in the Seychelles[J]. Notornis, 1995, 43: 280.

56.O'NEILL P, MINTON C, OZAKI K, et al. Three populations of non-breeding Roseate Terns (*Sterna dougallii*) in the Swain Reefs, Southern Great Barrier Reef, Australia[J]. Emu, 2005, 105(1): 57–66.

57.LEDWOŃ M.Sexual Size Dimorphism, Assortative Mating and Sex Identification in the Whiskered Tern *Chlidonias hybrida*[J]. Ardea, 2011, 99(2): 191-198.

58.FULLAGAR, DAWKINS, MINTON. Biometrics and wing molt in White-winged Black Tern (*Chlidonias leucopterus*) in north-west Australia[J]. Chinese Birds, 2013, 4(4): 306–313.

59.ASHMOLE N P. Breeding and molt in the White Tern (*Gygis alba*) on Christmas Island, Pacific Ocean[J]. Condor, 1968, 70: 35-55.

60.OLSEN K M, LARSSON H.Terns of Europe and North America[M]. London: Christopher Helm, 1995.

61.PYLE P. Staffelmauser and other adaptive strategies for wing molt in larger birds[J].Western Bird, 2006, 37(3): 179-185.

贼鸥 /

62.KOPP M, PETER H, HAHN S, et al. South Polar Skuas from a single breeding population overwinter in different oceans though show similar migration patterns[J]. Marine Ecology Progress Series, 2011, 435: 263–267.

63.RITZ M S, HAHN S, PETER H, et al. Hybridisation between South Polar Skua (*Catharacta maccormicki*) and Brown Skua (*C. antarctica lonnbergi*) in the Antarctic Peninsula region[J]. Polar Biology, 2006, 29: 153-159.

64.WEIMERSKIRCH H, TARROUX A, CHASTEL O, et al. Population-specific wintering distributions of adult south polar skuas over three oceans[J]. Marine Ecology Progress Series, 2015, 538: 229–237.

65.OLSEN K M, LARSSON H.Skuas and Jaegers.A Guide to the Skuas and Jaegers of the World[M]. East Sussex: Pica Press, 1997.

《中国鸟类图鉴（鸻鹬版）》在2018年出版之后，我们开始准备本书的写作。但我们深知我们对我国的这一类群，尤其是分类和辨识均十分"恼人"的"大型白头鸥"类的认识非常有限，我国现有的研究对这些种类关注度不高。针对它们，我们在繁殖期和繁殖后的我国大连庄河、繁殖后的我国新疆北部、越冬期的日本组织了数次野外考察，并短暂造访了国内几个博物馆，尤其是查看了中国科学院动物研究所位于北京的馆藏。这些实地观察结合以往资料的记述，令我们相信这方面仍然有大量的研究工作要做。

新冠疫情来临后，计划中的银鸥类环志等活动均不得不取消。在此基础上，写作中所面临的大量知识空白在文字中体现为"可能""推测"等字眼。读者在这些方面有何见解，欢迎赐教。

资料收集和写作过程中我们得到了很多人的帮助，在此表示感谢：感谢中国科学院的何芬奇、贺鹏、卢春雷，复旦大学的唐仕敏，北京师范大学的王宁、阙品甲等在标本查看上提供的帮助；感谢陈水华、苗春林、肖红、余日东、蒋忠祐、杨鼎立、李宗丰、钱锋、于军、李静、于涛、苟军、齐硕、赛道建、曾祥乐、林晨、梅坚、Chris Hassell、Danny Rogers、Peter Pyle、Terry Townshend、Mark Rauzon、Andreas Buchheim、Sayam U Chowdhury、Susan Oehlers、Nathaniel Catterson、David Duffy、Tadao Shimba、Pavel Tomkovich等在资料查找上提供的帮助；感谢马鸣、江红星、Phil Round、Arne Jensen等不厌其烦地回答我们的一些疑问；感谢各位摄影师提供精美照片，使本书的出版成为可能！很遗憾，有几位摄影师已永远离开了我们！特别是我们观鸟路上的老战友林剑声先生在来上海进行手术后，我们去病房探视时，他还在十分头疼地在手机上帮我们寻找符合图鉴需求的照片。

希望本书能帮助读者解决一些野外观鸥时的困难，提高一些观鸥的兴趣。持续提供的鸥类信息将有助于我们填补知识空白。第71页简略提及的环嘴鸥，在本书完稿之时，记录于香港。

2021年3月

拉丁名索引 /

★为图注内容